中韩商业街区建筑色彩分析研究

陈　璐　著

北京交通大学出版社
·北京·

内 容 简 介

本书共分为7个章节，其中第1章为绪论部分，提出本书的研究背景与目的，研究方法与研究框架等。第2章厘清目前商业街区建筑色彩研究所取得的主要成果及发展趋势。第3章对代表性商业街区建筑色彩现状进行调研得出相关数据。第4章对中韩两国商业街区建筑色差进行分析。第5章为中韩商业街区建筑色彩效果评价。第6章提出适合中韩两国商业街区的配色原则与配色方案。第7章对本书进行归纳总结，探讨下一阶段研究发展方向与研究目标。

本书适合具有建筑设计和中西方建筑理论知识，从事建筑设计、城市规划方向及对相关领域感兴趣的学生学习之用，也可供建筑设计与城市规划方面的研究人员阅读。

图书在版编目（CIP）数据

中韩商业街区建筑色彩分析研究 / 陈璐著. —北京：北京交通大学出版社，2023.6

ISBN 978-7-5121-5031-7

Ⅰ．① 中…　Ⅱ．① 陈…　Ⅲ．① 商业街-建筑色彩-对比研究-中国、韩国　Ⅳ．① TU115

中国国家版本馆 CIP 数据核字（2023）第 119599 号

中韩商业街区建筑色彩分析研究
ZHONG-HAN SHANGYE JIEQU JIANZHU SECAI FENXI YANJIU

责任编辑：赵彩云

出版发行：北京交通大学出版社　　　　电话：010-51686414　　http://www.bjtup.com.cn
地　　址：北京市海淀区高梁桥斜街44号　　邮编：100044
印 刷 者：北京虎彩文化传播有限公司
经　　销：全国新华书店
开　　本：170 mm×235 mm　　印张：13.125　　字数：213 千字
版 印 次：2023 年 6 月第 1 版　　2023 年 6 月第 1 次印刷
定　　价：69.00 元

本书如有质量问题，请向北京交通大学出版社质监组反映。
投诉电话：010-51686043，51686008；传真：010-62225406；E-mail：press@bjtu.edu.cn。

前　言

　　作为城市视觉系统三大重要构成元素：色彩、形态、纹理，色彩相较其他两大元素而言，最为直观且可被广大市民第一时间发现，其好坏程度直接影响市民对城市整体视觉的判断。虽然目前色彩设计在道路景观设计过程中的重要作用逐渐被世人所熟识，但商业街区建筑色彩设计中依然存在如整体色调不统一、某单体建筑色调太强影响整体效果等诸多现实问题，影响整个商业街区视觉环境营造；有必要对现实中商业街区建筑进行走访调研，找出造成出现以上问题的具体原因并探索解决之道。作为同属"东亚文化圈"的中韩两国在商业街区建筑色彩设计过程中是否面临同样的问题，现阶段两国商业街区色彩设计过程中又进行了哪些大胆尝试与探索，相关尝试与探索最终结果如何，未来中韩两国商业街区建筑色彩设计趋势又将走向何方，这些问题都值得深入探讨。

　　本书以中韩两国商业街区建筑色彩作为研究对象，前期通过对两国代表城市代表商业街区建筑进行实地调研走访，对其现状进行分析归纳总结得出基础数据。后期以前期数据作为依据，分别对中韩两国青年人群开展感性评价试验，以此来探求受中韩两国青年人群喜爱的商业街区建筑色彩搭配方式及其对应建筑形式，为日后更好地指导两国商业街区色彩设计实践提供参考依据。

　　本书在体系上共分为三个阶段，三个阶段的内容在逻辑层面上互为因果关系，前一阶段所取得的成果均转化为下一阶段开展研究的基础。第一阶段为中韩商业街区建筑色彩调研，最终摸清了中韩两国代表性商业街区建筑色彩分布情况。第二阶段为建筑色差分析，分析了中韩两国商业街区现阶段整体色差现状，挖掘造成这一现状的背后原因。第三阶段为利用前两阶段所取得的相关成果组建评价样本模型，分别对中韩两国青年人群开展感性评价调查，探讨两国青年人群对于建筑色彩的喜好程度，并最终找寻出受中韩两国青年人群偏爱的商业街区色彩搭配方案及对应建筑形态。

接下来作者逐一对各阶段成果进行说明，首先，第一阶段研究即中韩商业街区建筑色彩调研阶段，所取得的研究成果如下：从色相层面上看，韩国传统与现代商业街区建筑主要色、辅助色、点缀色均以 YR 系列色彩所占比重最高，而中国商业街区除传统街区建筑主要色以 N 系列色彩所占比重最高外，其余商业街区建筑主要色、辅助色、点缀色皆以 YR 系列色彩所占比重最高，由此可见中韩两国商业街区色彩占比差异性明显，且中国自身传统与现代商业街区二者之间建筑色相分布情况也存在较大差异。从色调面上看，韩国传统与现代商业街区主要色、辅助色、点缀色均以 light-gray 色调作为主色调，而中国传统商业街区主要色、辅助色、点缀色均以 dark-gray 色调作为主色调，而现代性商业街区三色却以 light-gray 色调作为主色调，传统与现代两者差异性明显。

其次，第二阶段即建筑色差分析阶段，所取得的研究成果如下：中国传统与现代商业街区虽建筑设计理念存在巨大差异，但两者在色彩设计领域均坚持以低色差作为核心设计理念，街区建筑在视觉表现层面，始终保持连续性与统一性，给人营造一种平和沉稳的视觉环境。而韩国传统与现代商业街区始终坚持以高色差作为核心设计理念，时刻突出一个"变"字，以跳跃式的色彩表现手法保持整条街区的视觉冲击力，将"灵活、多变、跳动"视为效果表达的第一要务。

最后，第三阶段色彩效果评价阶段，所取得的研究成果如下：其一，在建筑配色方案效果评价阶段，Ⅰ轴方向中韩两国青年人群均给予新沙洞林荫道以最高评价，Ⅱ轴方向中韩两国青年人群均给予王府井大街以最高评价，Ⅲ轴方向样本中凡 YR 与 Y 系列色彩含量越高其评价得分也越高，Ⅳ轴方向样本中凡 N 系列色彩含量越高其评价得分也越高；其二，在建筑色彩纯化效果评价阶段，中韩两国青年人群均认为建筑配色方案对于街区视觉表达效果而言尤为重要，且中韩两国青年人群均认可试验所得"传统型"与"现代型"色彩搭配模式及其对应建筑形态，后期将该结论直接用于中韩两国商业街建筑色彩设计实践。

本书创新点主要体现在以下三个方面：其一，以中韩两国青年人群作为观察对象，对其色彩喜爱程度进行观察研究，这一形式在中韩两国前期研究文献中是前所未有的，也属于本书独创；其二，为进一步了解中韩两国青年人群色彩喜爱程度，作者在研究中使用因子分析与重回归分析两种方法，对前期收集的两国青年人群色彩评价数据进行梳理，最后通过因子分析图相对位置，来确认中韩两国青年人群各自的色彩喜好度，保证评价结果的客观性；其三，研究中使用纯化手段对评价样本进行处理，去除其他影响因素干扰，仅保留色彩搭配方案与建筑形态两大变量并进行评价研究，此举最大限度地保证研究结果的准确性。

目前本书仅围绕商业街区建筑色彩搭配方式开展相关研究工作，并未涉及其他可对商业街区产生视觉影响的元素如沿街店招色彩、道路铺装色彩等，今后会持续对上述要素加以重点关注，进一步优化其他设计元素色彩搭配方式，从视觉效果上真正提升商业街区整体品质，吸引更多人群进入商业街区之中，进行消费经商活动拉动经济快速增长。另外，还将从建筑材料、建筑施工工艺等多方面开展研究工作，从而真正实现理论与实践完美结合。

作者
2023 年 3 月

目　　录

第1章 绪 论

1.1 研究背景与目的

中国与朝鲜半岛山水相连，自古以来两国人员交流往来频繁，最早可以追溯到 3 000 多年前的箕子入朝。据《史记》和《汉书》中记载早在公元前 13 世纪周武王伐纣时期，箕子就率领商人向东迁徙进入朝鲜半岛，史称箕世朝鲜。随后朝鲜半岛进入三国时代，三个国家陆续向中国派遣使臣学习中国文化，并将中国文化传播至朝鲜半岛，中国亦在此时逐渐了解朝鲜半岛当地风土民情[①]。随着双方交流的不断加深，作为对中国文化发展起到重要作用的儒家文化，也随之进入朝鲜半岛并对其社会结构产生重大影响，特别是朝鲜社会生活习惯、礼仪风俗等方面都深深打上了儒家文化的烙印。进入 20 世纪初，中国文化持续在韩国现代化进程中发挥重要作用，对韩国社会生活发展的方方面面产生影响。自 20 世纪 90 年代以来，在全球化大背景下国际交流合作力度不断加深，各国在经济发展领域都取得了长足发展，伴随着经济活动的开展各国文化彼此交融相互影响，中韩两国在此过程中不可避免受到外来文化影响，两国面对这一影响选择了不同的发展道路迎接挑战。正是由于双方所选道路不同，导致双方对如何处理外来文化与本土文化关系上出现意见分歧，而正是这些意见分歧向外延伸至设计领域，造成两国设计作品在表达效果上存在明显差异，尤其表现在建筑设计领域。

道路景观作为城市空间所有景观元素共同建构的一个系统整体，对其效果

---

① 蒋非非，王小甫，赵冬梅，等. 中韩关系史：古代卷 [M]. 2 版. 北京：社会科学文献出版社，2014：5-6.

好坏的评价依据,绝非仅对其视觉效果进行评判,而是要站在更高层面从美学角度对其整体空间视觉构成合理性进行评判。凯文·林奇在《城市意象》[①]一书中明确提到:"道路景观是对城市风貌最为直观的表现形式。"也就是说,人们可以通过观察道路景观的整体设计风格,了解当地风土民情,进而感受所在城市整体历史文化氛围。道路景观主要由道路沿线建筑物、路灯、标识牌等元素构成,这些构成元素都将化身为视觉信号经由神经系统传导至大脑皮层,在人脑中形成视觉影像并以此被社会大众所熟识。

建筑作为道路景观最重要的构成要素,其自身形态、色彩、材质等视觉元素以及其所传递出的文化象征意义,无时无刻地彰显着所在城市的历史文化底蕴。需要特别说明的是,建筑色彩对于提升道路景观品质意义重大,其最终视觉效果可直接反映出当地经济与文化发展水平,因此常作为居民选择居住环境的重要参考依据。但现阶段提升道路景观整体设计品质,依然主要依靠对建筑单体立面进行改造升级的模式来实现,正因为秉持这一理念导致街区立面建筑色彩规划迟迟无法落实。而街区色彩规划的成功秘诀,恰恰是对整个街区建筑实施色彩规划,将其塑造为一个整体而绝非仅对某一建筑单体色彩进行设计改造,两者之间的矛盾随着城市化进程的不断深入而日趋凸显。

虽然目前色彩设计在道路景观设计过程中的重要作用逐渐被世人所熟识,但商业街区建筑色彩设计中依然存在如整体色调不统一、某单体建筑色调太强影响整体效果等诸多现实问题,影响整个商业街区视觉环境营造。针对此问题有必要对现实中商业街区建筑进行走访调研,找出造成以上问题的具体原因并探索解决之道。同时从对前期研究的梳理结果上看,此前中韩两国相关研究均以本国目标为研究对象,彼此间缺乏必要的沟通与交流,作者认为同属"东亚文化圈"的中韩两国在商业街区建筑色彩设计过程中其设计理念是否存在相似性与差异性,是否同样面临上述问题,且相关问题之间是否存在内部逻辑关系,两国设计师又针对上述问题做出了哪些探索,未来两国商业街区色彩设计总体趋势又将走向何方。这些问题都值得深入探讨,未来还可

---

① 林奇. 城市意象 [M]. 方益萍,何晓军,译. 北京:华夏出版社,2001:35-36.

以进一步以此为基点向外发散，探讨中韩两国商业街区建筑色彩设计未来发展趋势。

鉴于以上分析，本书以中韩两国商业街区建筑色彩为研究对象，前期通过对两国代表城市代表商业街区建筑进行实地调研，对其现状进行分析，归纳得出基本数据。后期以前期基础数据为依托，分别对中韩两国青年人群开展感性评价试验，以此探究中韩两国青年人群对于商业街区建筑色彩使用的偏好程度，并依据评价结果制作符合中韩两国青年人群审美标准的推荐色彩搭配方案，为日后更好地服务于两国商业街区色彩设计实践提供参考依据。

1.2 研究方法与研究框架

1.2.1 研究方法

为更加深入地对中韩两国商业街区建筑色彩开展研究工作，本书采用实地调研、文献综合分析法、对比分析法、感性评价法等对两者开展分析。

1. 实地调研

通过对中国北京、韩国首尔两地代表性商业街区建筑色彩进行实地调研走访掌握一手资料，调研过程中主要采用照片拍摄、肉眼测色等方法对相关资料进行收集，并最终完成中韩两国现阶段商业街区建筑色彩图谱绘制工作。

2. 文献综合分析法

文献综合分析法主要完成对建筑色彩类相关文献收集梳理工作。因本书需对中韩两国商业街区建筑色彩规划原则的相似性与差异性进行探讨，所以需完成对中韩两国相关前期研究的汇总梳理工作，关注点集中于以下两个方面：一是色彩分析方法研究，二是色彩与文化关系研究。

3. 对比分析法

通过对两国建筑色彩前期原始数据进行对比，找出中韩两国目前在商业街区建筑色彩设计方面的相似性与差异性，结合中韩两国近现代社会发展史和当地风土人情分析出现以上情况的客观原因。

4. 感性评价法

以前期色彩数据为基础，分别在中韩两国青年人群中开展色彩喜好度感性评价试验，目的在于明确中韩两国青年人群在建筑色彩搭配方面的喜好程度，后期以此评价结果为依据，推导出符合中韩两国青年人群审美标准的商业街区建筑色彩搭配方案及其对应建筑形式，为日后更好地服务于中韩两国色彩设计实践打下坚实的基础。

1.2.2 研究框架

本书共分为 7 个章节，其中第 1 章为绪论部分，主要是通过对前期研究背景的阐述，引出本书的研究内容和研究目的。第 2 章通过对商业街区建筑色彩相关文献资料进行梳理与归纳，厘清目前中韩两国商业街区建筑色彩研究取得的主要成果及发展趋势。第 3 章对选定的中韩两国代表城市代表商业街区建筑色彩现状进行调研分析并得出相关数据。第 4 章在第 3 章研究基础上，对选定的中韩两国商业街区建筑色差进行分析，以此实现对现阶段中韩两国商业街区建筑色彩设计原则的归纳总结。第 5 章在排除形态、材质等相关影响因子后，以现有中韩商业街区建筑色彩配色方案为基础，分别对中韩两国青年人群实施感性评价分析得出相关结果。第 6 章根据上一章得到的研究结果，提出适合中韩两国商业街区的色彩搭配方案及对应建筑形式并大胆预测中韩两国未来商业街区建筑色彩发展趋势。第 7 章对本书结论进行归纳总结，并针对现阶段研究存在的不足之处，制定下一阶段的总体发展方向和研究目标。具体框架如图 1-1 所示。

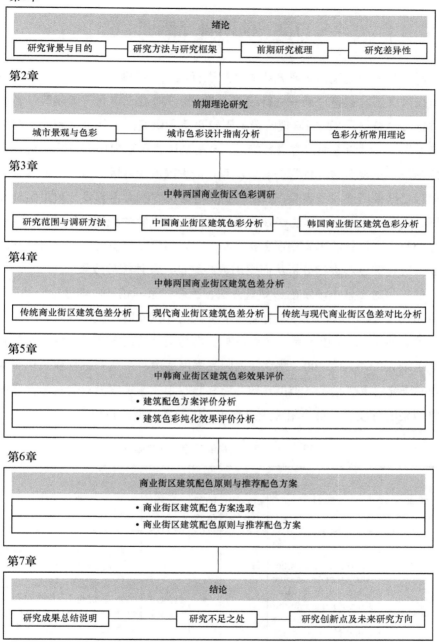

图1—1 图书框架

1.3　前期研究梳理

对中韩两国建筑色彩研究相关文献进行收集与整理工作，涉及文献众多，这里仅对韩国文献整理部分进行简单说明。作者对近十年来韩国建筑色彩类论文进行归纳总结，以此明确现阶段韩国建筑色彩研究的大体进度和采用的主要研究方法。针对两方面内容进行梳理：一是韩国相关研究中究竟采用何种方法和色彩体系实现对建筑色彩的有效测量，最大限度消除因天气、材料等客观因素对测量结果所造成的误差；二是研究采用何种方法对色彩设计效果实施评价分析。进行相关文献梳理的好处在于通过对前期文献的梳理归纳，可以归纳总结出一套切实可行的色彩调研分析方法，在后期研究中使用该方法对中韩两国商业街区建筑色彩进行分析从而得出最终结论，具体梳理成果如下。

首先，对文献中涉及色彩测量方法、色彩体系等相关内容进行归纳总结，结果如表 1-1 所示。对韩国前期参考文献进行梳理后，发现现阶段韩国色彩研究主要使用 NCS 色彩系统作为色彩收集与记录的色彩体系，色彩测量时间集中于晴天 11:00—16:00，此期间内阳光强度适中，最适合进行建筑色彩测量工作。研究对象囊括了各类型建筑，通常选取相关建筑案例对其实施色彩测量并将结果汇总成册，再将相关成果直接应用于各类型建筑色彩设计实践之中。

表 1-1　建筑色彩测量相关文献整理

作者	题目	色彩系统		观测时间	研究概述
		Munsell 体系	NCS 体系		
KIM Ju Yeon, SUH Kuee Sook	A Color Characteristic Analysis of Architecture Facades in Kyoto Area-Focused on the Alley-Spaces of Gion and Nakagyo-ku		●	晴天 11:00—16:00	研究主要关注如何将传统与现代设计元素应用于京都地区城市色彩设计之中，且研究对象也选在传统建筑与现代建筑相结合的老城区，探讨如何实现两者色彩搭配效果间的和谐统一

续表

作者	题目	色彩系统		观测时间	研究概述
		Munsell 体系	NCS 体系		
LEE Ji Hyeun	A Study of Color Planning in the Interior Space of a High Speed Train Station- Focusing on Analysis of Natural Color System(NCS)-		●	—	主要对高速铁路室内空间色彩进行研究,选取代表性高速铁路空间作为研究对象,以使用者角度从色彩识别性、可视性等层面对室内色彩实施规划设计并将研究成果应用于未来设计实践之中
PARK Hey Kyung, OH Ji Young, JEONG Mu Lin	A Characteristics of the General Hospital Color Environment	●		晴天 11:00— 16:00	研究通过对韩国国内综合型医院室内空间色彩现状进行调研,归纳整理出韩国医院室内空间色彩使用规律,为日后医院室内空间色彩设计提供前期参考依据
LEE Min Jae, PARK Hey Kyung	Analysis of Public Library Color Environment according to Space Function-Focused on Busan City	●		晴天 13:00— 16:00	对釜山市各公共图书馆室内空间色彩环境的现状进行了实地调研,利用 IRI 色彩意象分析法对现阶段色彩搭配情况进行分析,得出图书馆室内色彩搭配特性,为日后公共图书馆室内空间色彩计划提供参考资料
JEONG Mu Lin, PARK Hey Kyung	A Study of Nursing Home's Color Environment according to Space Function	●		晴天 11:00— 16:00	以韩国国内养老设施室内空间色彩作为研究对象,对其内部居住空间、护理空间、公用空间色彩使用现状进行调研分析,总结其色彩设计特性并将相关研究成果应用于养老设施空间色彩设计实践之中
KIM Ju Yeon, SUH Kuee Sook	An Analysis of Characteristic Color of the Changsin 2-dong Alley, Jongro		●	晴天 11:00— 15:00	对道路空间色彩现状进行调研,对建筑色彩立面分布情况进行调研与测量,整理出色彩空间分布概况,并将相关共性问题整理成册,用于未来道路空间色彩规划设计实践

其次，除对建筑色彩测量类文章进行收集整理外，还对建筑色彩感性评价类文章进行梳理分析，此举目的在于更好地了解韩国研究中常用分析方法和所取得的研究成果，最终归纳整理结果如表 1-2 所示。韩国前期相关研究普遍采用因子分析与重回归分析相结合的方式对建筑色彩搭配方式开展量化评价，所得结论直接用于道路建筑色彩设计实践之中。

表 1-2 建筑色彩感性评价相关文献整理

作者	题目	分析方法	研究概述
LEE Jin Sook, SEO Jung Won	The range on Color Differences by L*a*b* of neighbor Buildings for the Color Harmony in Street	量化 I 类 Cluster 分析	对相邻建筑色彩协调性开展研究，引入色差概念，以城市街道上相邻建筑间色差为主要评价变量，利用计算机图像处理进行色彩模拟评价实验，再利用量化 I 类分析对相邻建筑色差及配色协调的关系进行定量评价。通过色差与心理量之间的关系，最终确定相邻建筑间相协调的色差范围
PARK Sung Jin, YOO Chang Geun, LEE Cheong Woong	A study on Influence of Exterior color for Buildings on Formation of Streetscape image-Case Study of Gumnam Road, Gwangju	因子分析 重回归分析	对道路沿线建筑色彩协调性开展研究，从道路景观色彩稳定与协调统一性角度出发，调查沿街建筑色彩 L*a*b* 色差值，通过心理实验掌握建筑色彩与观察者偏好之间的关系
LEE Jin Sook, OH Do Suk	A Study on the Effect of Texture and Color on Surface Elements of Architectural Space	因子分析 重回归分析	在构成建筑空间的多种要素中最基本的单位即为色彩，色彩变化可以直接影响人类对于空间喜好程度。通过不同材质对应的色彩变化的不同，确立不同材质在空间设计中所发挥的作用
PARK Sung Jin, YOO Chang Geun, LEE Cheong Woong	A Study on Establishing Color Ranges of Facade on Urban Central Street-Focusing on Buildings of Central Aesthetic District in Gwangju	因子分析 多变量方差分析 多重回归分析	以光州广域市中心地区沿街建筑色彩作为研究对象，首先对现有建筑色彩规划情况进行调研，掌握其特性，随后通过色彩评价模型进行科学实验，使用因子分析法得到影响沿街建筑不同立面类型色彩偏好度的影响因子，最后通过对参考实验模型与变化实验模型间进行多元方差分析，得出沿街建筑不同立面类型色彩用色规律

作者	题目	分析方法	研究概述
LEE Jin Sook, KIM Hyo Jeong	Analysis and Evaluation of Current Color in Symbolic Streets of a City	因子分析	选定了大田市大德大路、大田高速巴士客运站、忠南大学智圣路、能陵亭街,并提取了 L*a*b*色差值,利用 19 个形容词词汇进行评价实验,对各道路建筑色彩进行特性分析
YOO Chang Geun, LEE Hyang Mi	A Study on the Color Image Evaluation of Buildings on Urban Street	因子分析 回归分析	以光州广域市尚武地区建筑立面色彩为中心,进行现场测色并制作评价模型,通过对色彩形象进行评价,了解当地人在色彩应用方面的喜好。通过前期研究,为日后进行道路建筑色彩设计规划提供参考依据
LEE Jin Sook, HONG Long Yi	A Study on the Characteristics of the Color Evaluation of 2−D & 3−D Simulated Streetscape	因子分析 显著差异检验	研究分别以建筑 2D 色彩图像与 3D 虚拟建筑色彩图像作为研究对象,比较分析两个环境中的色彩评价特性,找出各评价词汇、各评价对象的特性及评价差异,弥补建筑色彩规划设计中因 2D 图像结果和 3D 虚拟建筑色彩图像存在的差异而导致的结果差异
HONG Long Yi, LEE Jin Sook	Analysis of the Influence of Texture and Color of Building Exterior Materials on Sensibility	因子分析 重回归分析 量化 I 类分析	研究对建筑立面材质对应的色彩进行评价的研究,分析人们对于其色彩使用的喜好程度,为日后建筑色彩设计提供参考依据

1.4 研究差异性

通过对前期研究进行归纳总结,基本了解了目前韩国建筑色彩前期研究所取得的研究成果及常用研究方法,为本书的写作提供了参考依据。本书的主要价值体现在以下三个方面。

第一,本书以韩国和中国代表性城市中代表性商业街区建筑色彩作为研究对象,对其建筑色彩使用情况进行调研分析,得出结论供未来设计实践参考,这在之前中韩相关研究中是没有的。

第二，本书与前期研究不一致之处在于不是单独对中国人或韩国人进行感性评价分析，而是将目标对准中韩两国青年人群，对二者分别进行建筑色彩感性评价分析并对结果进行梳理，此举的意义在于可以了解中韩两国青年一代对于商业街区建筑色彩设计的喜好程度。区别于其他书籍，作者不仅完成对中韩两国青年一代的色彩感性评价分析，还对出现此结果的深层次文化内涵进行分析，使本书内容不浮于表面而是深入挖掘其背后文化内涵，真正实现"透过现象看本质"的写作初衷。

第三，通过对中韩两国青年一代进行色彩感性评价，提出符合中韩两国青年一代审美标准的建筑配色方案及其对应建筑形式，应用于两国城市商业街区色彩设计实践之中，真正实现理论研究与设计实践之间的完美结合。

第 2 章　前期理论研究

2.1　城市景观与色彩

2.1.1　城市景观色彩

　　对城市景观色彩实施规划设计绝非易事，要从城市发展整体利益角度出发，充分考虑城市自身历史发展脉络、城市自然环境、城市现阶段区位分布以及城市未来发展趋势等诸多因素对其造成的影响。同时城市色彩规划对于城市自身定位和未来发展影响巨大，好的城市色彩设计可以让城市整体氛围变得轻松愉快，让活在其中的人们每天均以饱满的热情投身到工作生产之中，创造出更多的社会财富，而城市管理者则可凭借相关社会财富的积累，改善城市居民日常生活服务设施水平，为城市居民制造更多的发展新亮点，提升城市发展软实力，吸引更多外部优势资源和优秀人才，为城市未来发展献计献策，实现城市长期高效稳定发展，最终形成一个城市的良性发展模式。反之，如城市景观色彩设计压抑，使民众精神状态长期处于抑郁状态，必然影响其日常工作，长此以往导致城市经济发展长期低迷甚至停滞不前，无法创造更多的社会财富，城市管理者也无法将社会财富用于城市服务设施修缮与维护工作，从而造成城市居住环境恶劣，人口大量流失，特别是对城市未来发展起决定性作用的年轻人口大量流失，终将断送城市发展的大好前程。由此可见，城市景观色彩设计规划绝不能只侧重某一方面设计，而应在保证整体设计效果统一性的前提下，从视觉设计连续性、统一性等角度出发进行规划设计，最终成果也应由多领域专家、市民团体、城市管理者等共同完成。

所谓"连续性"，是指在城市景观设计过程中不仅要考虑建筑物、自然环境、城市基础设施等可见元素对色彩规划的影响，还应考虑城市历史文化风貌、风土民情等非可见元素对色彩规划的影响，通过对相关元素的归纳总结形成色彩规划的初步方案。根据美国学者凯文·林奇在《城市形态》[①]的观点，城市主要是由构成城市的个体元素彼此叠加而成的，而道路景观就是构成城市的重要个体元素，此个体元素不断堆叠形成城市这一最终载体。这就意味着在城市景观色彩规划设计中要遵循连续性原则，只有当个体要素与整体要素相协调时，才能获得城市最佳视觉效果。

所谓"统一感"，是指构成城市景观色彩体系中的各色彩间应存在一定关联性，从而在整体视觉上呈现统一的色彩效果。要做到这一点，最为便捷的方法就是尽量减少建筑间距让其贴近布置，在不同建筑之间寻找共同点，通过对一个个构成要素的分析梳理，渐进式找寻彼此之间的联系，并根据其共性确定色彩搭配方式。在此过程中应注意尽量避免两种极端情况的出现，其一为各建筑间用色对比感强烈、毫无章法，最终导致整体视觉效果缺乏统一感，从而影响建筑整体视觉效果表达；其二为过于强调统一感的色彩效果，在整体视觉层面让人感到厌烦。正确的做法就是为了达到"统一感"这一视觉效果，尽量使用协调、均衡、反复、强调等手法完成色彩搭配设计，最终实现整体色彩视觉效果的和谐统一。

作为城市视觉系统三大构成元素：色彩、形态、纹理，色彩相较其他两大元素而言，最为直观，可被广大市民第一时间发现与接受，其好坏程度直接影响到市民对于城市整体视觉的判断。作为环境色彩的重要组成部分，城市色彩正是对当地自然风光、风土人情等城市构成要素的具体呈现[②]。建筑师阿尔多·罗西[③]曾说过："作为文化价值体现的城市色彩，不仅是各个城市的形象和

---

① 林奇. 城市形态 [M]. 林庆怡，译. 北京：华夏出版社，2003：78–79.

② 张雪青. 城市色彩形象的塑造：基于抚顺与南京河西城市色彩规划的实践研究 [D]. 上海：同济大学，2014：82.

③ 罗西. 城市建筑学 [M]. 黄士钧，译. 北京：中国建筑工业出版社，2006：90–91.

不同建筑物的集合，还体现了城市自身存在的人文价值。"随着时间的流逝，城市也在自我成长，生活在城市之中的民众拥有众多关于城市的独有记忆，而城市本身就是这些集体记忆的客观载体。城市色彩则被看作对城市个性和城市精神的具体表达，其表现形式就是对城市历史意义、地域特点和城市大众文化的集中体现，对其进行设计规划应对城市各方面因素进行高度概括最终得到城市自身所独有的色彩体系。

2.1.2　建筑色彩意义

东西方建筑文献中均有涉及建筑色彩的相关内容，建筑色彩不仅可以直接体现建筑所有者的个人身份地位与经济水平，还间接反映出当时社会流行文化，对于研究相关社会发展史具有重要作用。建筑色彩是建筑自身价值的重要表现，其所蕴含的功能、社会、文化属性，又是对城市的地域性和当地社会生活面貌的完美诠释。在对建筑色彩进行设计实践过程中，应重视其与周围建筑和环境之间的协调关系，同时也要保持自身特性，其特性主要表现为三个方面，如表 2-1 所示。

表 2-1　建筑色彩特性

分类	建筑色彩特性
功能层面	以实用性作为指导思想，以现代人生活所需为标准，使用科学色彩搭配手法处理人、空间、环境之间的相互关系
社会层面	建筑色彩设计应根据使用者的客观需求进行，最大限度地满足使用者自身在审美、文化鉴赏等方面的要求
文化层面	人类在适应环境的方法和目的上拥有与其他生物不同的特性。其他生物的生存适应手段仅限于形态和遗传特性。而人类除了这些生物学手段之外，还拥有文化上的适应手段，持续维持其所拥有的社会文化特性。地域性、民族性等文化要素是人类努力适应环境的产物，而建筑色彩也是这一过程中的必然产物

2.2 城市色彩设计指南分析

环境色彩设计指南是指通过提出适合城市自身发展的色彩搭配方式来指导城市整体色彩设计实践活动，这一概念最早于 2000 年左右提出，因其可操作性强和实用性强等特点，迅速成为学界关注的热点，被色彩设计界所采纳①。相关指南虽不如相关法律条文具有强制性，但通过相关指南持续对各地环境色彩设计产生影响，改变了部分地区的环境设计色彩搭配现状，其实效性和功能性深得广大色彩设计从业人员的认可与信任。

本书对中韩两国主要城市环境色彩设计指南进行归纳（如表 2-2 所示），希望在此过程中发现两国环境色彩设计中存在的相似点。通过对中韩两国城市色彩设计指南的梳理发现，两国对于该方向的探索实践皆源于 2000 年前后，近年来随着城市化进程的不断深入，两国城市色彩设计指南关注领域已从城市商业建筑和公共建筑扩展为城市所有类型建筑并辐射至城市公共设施色彩设计领域，关注内容也日趋具体化和精细化。还发现中国相关城市色彩设计规划方案主要以"暖色系"居多，且城市自身定位对其色彩设计影响巨大，如在北京、南京等历史文化城市中均专门针对旧城区建筑色彩规划进行了明确说明，指出在旧城区中进行建筑改造或新建筑设计过程中应充分尊重当地历史建筑文化传统，不得擅自改变传统建筑色彩规划现状，最大限度保护与尊重当地历史文化；而在重庆、南昌等城市色彩规划设计中，则充分考虑到当地风土人情对于建筑色彩的影响作用，如南昌作为全国著名红色历史文化名城，至今城市中仍留有大量红色文化遗产，在实际操作中以此为依据进行城市色彩规划，最终也获得了极好的城市视觉效果。从结果上看，以上城市在色彩设计过程中，都充分尊重与考虑到了相关因素对城市色彩所造成的影响，这一点是值得肯定与推广的。但目前中国城市色彩规划设计重点依然集中于建筑领域，而对于如城市公共服务设施、城市交通工具等其他领域的研究还十分匮乏，未来还需要

---

① 苟爱萍. 基于风貌类型的城市街道色彩规划研究 [D]. 上海：同济大学，2009：72.

结合城市自身色彩规划方案，制定与其相对应的城市服务设施和交通工具色彩规划方案指导设计实践。

表 2-2　中韩两国环境色彩设计指南比较分析

城市	计划名称	规划实施年度	规划内容	色彩设计适用范围与细则
世宗市	世宗市城市环境色彩指南	2007	城市环境色彩指导方针基本方向、城市基调色提取及居住地色彩设计方案、各区域色彩建设方案、城市环境色彩特色区域建设方案	适用居住色彩、各区域色彩应用商业设施色彩适用、适用特色街道商业设施色彩、教育设施色彩适用、复合设施色彩应用、其他设施色彩适用
丽水市	2030年丽水城市基本计划	2008	丽水象征色及各区域概念形象设计	山地景观区域、海岸景观区域、商业景观区域、市区景观区域
首尔市	首尔色彩体系规划设计纲要	2008	根据对其代表性的人工色彩、自然环境、现场场景调研，确立首尔城市推荐色彩搭配方案	自然绿地景观、水边景观设计、历史文化景观设计、城市景观设计
全州市	全州市城市设计基本计划	2009	全州市城市色彩现状、建筑物色彩、设施色彩	建筑物、公共设施、户外广告物
大田市	大田市城市环境色彩基本计划	2009	大田城市环境色彩基本计划，构成要素色彩计划，大田城市环境色彩管理方案	一般管理区（居住用、商业业务、工业其他）、景观重点管理区（居住用、商业业务、工业其他）
蔚山市	蔚山市色彩体系规划设计纲要	2011	蔚山城市基调色提取，蔚山各区域色彩营造方案，蔚山产业园区色彩营造方案	公共住宅及商住两用公寓、低层住宅、商业建筑、业务用建筑物、产业建筑物及设施、其他建筑物、历史文化遗产周边建筑物、公共设施、户外广告报道包装、桥梁
利川市	利川市基本景观规划	2013	收集利川市色彩资源，提出利川代表性的50个颜色	自然绿地景观、水边景观设计、历史文化景观设计、城市景观设计

续表

城市	计划名称	规划实施年度	规划内容	色彩设计适用范围与细则
温州市	温州市城市色彩规划研究	2001	城市建筑立面色彩管理办法	城市中心城区建筑立面色彩应坚持以"暖色系"为主、"中性色系"为辅的设计原则
哈尔滨市	哈尔滨市城市色彩规划	2004	城市建筑立面色彩管理办法及应用准则	城区建筑立面色彩主要采用黄色与白色系列色彩搭配模式，整体表现出温暖温馨的色彩氛围
南京市	南京市城市色彩规划	2004	城市建筑立面色彩管理办法及应用准则	城市中心城区建筑立面色彩主要采用黄色与红色系列色彩搭配模式，整体表现出温暖温馨的色彩氛围
南昌市	南昌市城市景观色彩规划研究	2005	城市建筑立面色彩管理办法及应用准则	城区建筑立面色彩主要以红色系作为建筑主色
西安市	西安市建筑色彩系统规划	2005	城市建筑立面色彩管理办法及应用准则	城市中心城区建筑立面色彩主要采用白色、黄土色、黄褐色系列色彩搭配模式，充分表现其历史文化与风土人情
烟台市	烟台市城市建筑物色彩管理	2006	城市建筑立面色彩管理办法及应用准则	城区建筑立面色彩主要采用黄色与白色系列色彩搭配模式，整体表现出温暖温馨的色彩氛围
重庆市	重庆市城市色彩规划研究	2006	城市建筑立面色彩管理办法及应用准则	城区建筑立面色彩主要以红色系作为建筑主色
杭州市	杭州市城市色彩规划设计	2006	城市建筑立面色彩管理办法及应用准则	城市中心城区建筑立面色彩主要采用灰白色系列色彩搭配模式，充分表现杭州当地山水田园文化内涵及人文情怀

续表

城市	计划名称	规划实施年度	规划内容	色彩设计适用范围与细则
舟山市	舟山市城市景观色彩规划研究	2008	城市建筑立面色彩管理办法及应用准则	城市中心城区建筑立面色彩主要色应坚持以"白色系与黄色系色彩"为主，而辅助色以"低/中明度红色系列"为主
广州市	广州市城市色彩规划研究	2011	城市建筑立面色彩管理办法及应用准则	城市中心区建筑物立面色彩传统建筑以朱黄色 N 系列（N5-N9）、R 系列（9.4R 9/1-6.3R 6.5/5）、YR 系列（10YR 8.5/4-3.1 YR 6/3.6）为主；现代建筑以朱黄色 BG 系列（3.1BG9/2-1.9BG 5.5/3.6）、PB 系列（7.5PB8/3-6.9PB5/4）、N 系列（N5-N8）为主
北京市	北京旧城中心区建筑外立面色彩管理规则	2013	北京旧城中心区建筑外立面色彩管理规则	建筑立面主要围绕灰色开展相关色彩设计实践

2.3　色彩分析常用理论

2.3.1　感性工学

　　"感性工学"[①]于 20 世纪 80 年代由日本设计学界率先提出，90 年代在日本信州大学纤维学部成立了世界上第一个感性工学学部。感性工学研究体系较为复杂，其本身就是一个囊括心理学、数学、工程学等多领域的综合性研究体系，主要通过对一个个微小要素开展研究工作，扩展到对整体事物开展研究，并在此过程中寻找出真正符合使用者需求的设计要素，并将其应用于最终设计

---

① 罗丽弦，洪玲. 感性工学设计［M］. 北京：清华大学出版社，2015：25.

实践。感性工学的目的是通过建立产品设计要素与使用者感性评价之间的相互关系，研究不同使用人群对于各类型产品的喜好程度，并根据不同人群的喜好度完成对现有产品的更新迭代以及对新产品的设计研发。感性工学研究一般按照以下几个步骤进行：首先，对产品设计各影响因子进行归纳总结，并针对各影响因子在使用者中开展定量分析评价，常见的定量分析法有因子分析、聚类分析、回归分析等，其中因子分析又分为主成分分析（principal component analysis）与映象成分分析（image component analysis）[1]，而本书主要应用因子分析中的主成分分析与回归分析中的重回归分析作为主要研究方法，对收集到的相关基础数据进行分析，从而得出相关结论指导未来设计实践；其次，运用统计学相关知识和计算机技术，建立各影响因子与量化数据之间的函数关系；再次，通过函数运算建构不同使用人群与各影响因子喜好度之间的逻辑关系，作为进行下一步设计实践的重要参考依据；最后，通过前期数据分析选取适宜的影响因子，并将其转化为设计语言，最终设计出符合使用者需求的完美设计产品。

2.3.2　利克特量表

利克特量表等级法通常称为要素评估法或因素评分法，它最早源于利克特提出的"要求受访者在多项选择中给出一项选择"的方法[2]。该法在使用时主要分为以下几个步骤：首先，将评价目标由一个抽象的统一整体具象为一个个可量化的指标权重并对各指标进行权重赋值，并根据各指标权重实际状况制作与其相对应的评价量表；其次，使用评价量表对受访者进行现场调研，并通过函数公式对调研数据进行统计分析建立受访者与各指标权重之间的一一对应关系，并依据所得的一一对应关系指导社会实践。利克特量表常见的赋值法有"四点法""五点法""七点法""十点法"等，该法的最大优势就在于可针对不同评价对象选择不同的量表等级进行量化评价，以"五点法"为例对新建乡村民宿室内设计效果满意度开展评价，可以将评价等级设置为"非常好（5）""好

① 张文彤. SPSS 统计分析基础教程 [M]. 北京：高等教育出版社，2017：252.
② 胡国生. 色彩的感性因素量化与交互设计方法 [D]. 杭州：浙江大学，2014：25.

（4）""一般（3）""差（2）""非常差（1）"五个等级，并将该评价量表下发至
受访人群，让受访人群依据自身实际情况对民宿室内设计效果满意度进行评级
打分，后期通过对问卷调查进行回收并统计分析调研结果确定受访人群对现阶
段室内设计效果的满意程度，并根据其喜好对室内空间效果进行必要修改与更
新，以期适应受访人群的客观需求。

2.3.3　NCS 色彩系统

　　自然色系统（natural color system，NCS）①是由瑞典物理学家约翰逊
（Johansson）在对赫林的对抗色视觉理论进行整理和阐释的基础上于 1937 年提
出的，随后几十年间学术界一直对该色彩系统进行改善与更新，于 1979 年正
式确立为瑞典的国家颜色体系，其后在欧洲各国广为传播，分别在 1984 年和
1994 年先后被确立为挪威和西班牙国家颜色标准，此举进一步扩大该色彩系
统的国际影响力，在设计领域由一开始不被人接受与熟识，到现在成为受一线
设计人员广泛接受的色彩系统，且受到一致好评。

　　该色彩系统主要根据人的主观感受对颜色进行分类与重组，系统最初选定
了六个基本色彩作为构成基础，分别是白（W）、黑（S）、黄（Y）、红（R）、
蓝（B）、绿（G），该系统在形态上呈三角锥形态分布，其最上方和最下方分
别为黑色和白色，其余四个颜色分别位于椎体中间位置组成 NCS 色环。该系
统的标识方法为 S2030－Y90R，其所代表的含义为该色彩拥有 10%黄色调的红
色（占比 90%），并含有 20%黑色（S）和 30%的有彩色，其中色彩的白色含
量为50%（$w=100-20-30=50$），如图 2-1 所示。该色彩系统明显区别于 Munsell
色彩体系以明度彩度作为对色彩进行区分的依据，而是使用色调对色彩进行区
分。该色彩体系共划分为十个色调，依次为 light-gray（1）、whitish&pale（2）、
clear&strong（3）、deep&strong（4）、dull（5）、dark gray（6）、clean&bright
（7）、deep（8）、gray（9）、uncharacteristic（10），不同色彩根据色调的不同而
呈现出不同的视觉效果，如图 2-2 所示，处于 light、clear 色调的相关色彩在

---

① 陈飞虎. 建筑色彩学 [M]. 北京：中国建筑工业出版社，2007：35－36.

整体观感上辨识度高且给人感觉较为轻松愉悦，而位于 dark、deep 色调的相关色彩所呈现的效果则恰恰相反。

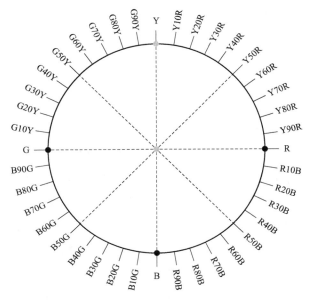

图 2-1　NCS 色彩标识方式

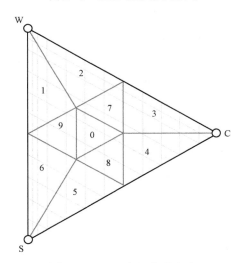

图 2-2　NCS 色调分类方式

目前中国尚未拥有一套专门用于城市色彩研究的色彩系统，大多数情况下不同城市在制定城市色彩规划方案时所使用的色彩系统也五花八门，甚至同一城市在不同时间亦使用不同色彩系统制定色彩规划方案，这就使后期城市建筑色彩管理与维护工作变得异常艰难。目前中国建筑行业可用于色彩测量的《中国建筑色彩颜色标准》在色彩覆盖面、国际辨识度、规范性等方面尚存在不足之处。本书选取 NCS 色彩系统为主色彩系统，对建筑色彩信息进行收集记录分析。

2.3.4　CIELAB 色差

对于两个色彩之间的视觉差异性判别主要通过两种方式进行，其一为可感知性（perceptibility）判别方式，主要是指观察者是否能够看到或者感知到两种色彩之间的色彩差异；其二为可接受性（acceptability）判别方式，主要是指观察者明知两种色彩之间存在明显色彩差异，是否接受存在差异这一客观事实[①]。本书主要采用可接受性这一判别方式对中韩两国商业街区相邻两座建筑之间色彩使用协调性进行探讨，首先通过测色仪器对相邻两座建筑立面色彩数据进行测量与记录，得出相关色彩的 L*a*b* 三维坐标数据，其后运用色差计算公式对相邻两座建筑色差值进行计算，得出相邻建筑之间$\Delta E\ast ab$ 数值[②]，最后通过对$\Delta E\ast ab$ 的分析实现对建筑色彩统一性与连续性的判别，并进一步通过该研究结果对中韩两国青年开展色彩效果感性评价分析，确立中韩两国青年对于建筑色彩的喜好程度并将所得结果应用于后期色彩设计实践之中。

$$\Delta E(\Delta E \ast ab) = [(\Delta L\ast)^2 + (\Delta a\ast)^2 + (\Delta b\ast)^2]^{\frac{1}{2}}$$

2.4　本 章 小 结

本章内容主要为下一阶段开展正式研究提供理论与方法支持。本章系统阐述了城市景观色彩设计的重要意义及其与城市设计之间的相互关系，最为关键

① 徐海松. 颜色信息工程 [M]. 杭州：浙江大学出版社，2015：204.

② 周世生，郑元林. 印刷色彩学 [M]. 北京：印刷工业出版社，2008：85.

的是对建筑色彩这一城市景观色彩基本构成要素进行了重点说明，明确了建筑色彩在城市设计中所占据的重要地位。本章还对中韩两国前期已完成的城市色彩规划项目进行了梳理，重点对其相关准则进行了归纳与总结，诸如此类梳理工作为后期研究的开展提供了有效支持。本章提及感性工学、利克特量表、NCS色彩系统、CIELAB色差等相关知识点，将在后期研究中发挥巨大作用。

第3章 中韩两国商业街区色彩调研

3.1 研究范围与调研方法

3.1.1 研究范围

本书选取中国北京与韩国首尔两座代表性城市的代表性商业街区作为研究对象，选择北京与首尔作为目标城市，主要基于以下三个方面的考量。其一，从政治文化层面考虑，北京与首尔作为中韩两国政治文化中心，其在城市建设方面所取得的成绩，会凭借自身文化影响力辐射至其他城市，因此对两城中现有城市设计成功案例开展研究，归纳总结两城在城市规划过程中所遭遇的问题与获得的成功经验，势必对其他城市未来规划设计实践产生深远影响。其二，历史传承层面考虑，北京与首尔分别为中国明清两代与韩国朝鲜时代的首都，且目前两座城市中仍保留着大量历史建筑遗址，近年来随着两国城市更新进程的不断深入，新旧建筑之间的矛盾日趋凸显。同时作为建筑设计的有效补充色彩设计，也同样面临新旧建筑色彩之争这一棘手问题，作者相信北京与首尔两城所遭遇的情况绝非个例，而是所有历史文化名城均要面对的共同难题。只是北京与首尔现阶段此问题表现得比较突出，因此选取两城作为目标也最具说服力。其三，从气候环境层面考虑，两城地理上纬度相当，气候条件同属温带季风气候，四季分明，因纬度与气候条件相似，决定了两城在自然环境方面如水文、土壤、植被等方面亦存在相似性。三个因素中前两个因素是促使作者选取北京与首尔两城作为研究对象的关键，第三个因素则是为了最大限度地消除因自然环境差异而对两城建筑色彩设计所造成的影响。因为城市色彩影响因素中除包含人文环境对其产生的影响外，还包含自然环境对其产生的影响。综上所述，作者认为选择北京与首尔作为目标城市，非常具有代表性，对其开展研究具有强烈的现实意义。

本书选取北京与首尔两城中共计八条商业街区开展前期调研工作，其中北京与首尔各有四条商业街区入选其中，而对商业街区遴选依据主要遵循以下两项原则：其一，商业街区自身具有代表性，即所选取的商业街区能够明确体现北京与首尔两城在一定时期内或者某一特定历史时期商业街区的发展特点；其二，商业街区应具有一定知名度，所选取的商业街区可彰显中韩两国文化内涵，民众通过游览商业街区可领略到中韩两国传统或现代社会发展变迁历程。基于以上原则，最终确立的研究对象为北京南锣鼓巷、前门大街、王府井大街、西单大街四个商业街区，首尔仁寺洞街、三清洞街、清潭洞街、新沙洞林荫道四个商业街区，调研对象分布情况如表 3－1 所示，从对表中各调研对象的简介分析上可知，所选八个商业街区从整体观感上表现为两种设计风格：一种是以中国南锣鼓巷和前门大街、韩国仁寺洞街和三清洞街主打的传统商业街区风格；另一种是以中国王府井大街和西单大街、韩国清潭洞街和新沙洞林荫道主打的现代商业街区风格。

表 3－1　调研对象分布情况

国家	调研对象	调研对象简介
中国	南锣鼓巷	南锣鼓巷历史地段为北京市历史文化街区保护区域之一，记载着北京城市传统记忆，最早始建于元代，至今为止保存有最为完整的元代"八亩院"式胡同，同时该区域也是自元代以来不同时代建筑风格艺术的汇集地，街道全长 786 米、宽 6 米。目前为北京较为知名、人气颇高且符合北京当地历史风貌的传统商业街区

续表

国家	调研对象	调研对象简介
中国	前门大街	前门大街与南锣鼓巷一样位于北京传统历史街区之中，地处北京传统中轴线南端，北起正阳门箭楼南至珠市口大街，街道全长 800 米，净宽为 21～30 米，作为中轴线上最为重要的一条商业街，因其位置恰好位于天安门广场以南，因此素有"天街"[①]的美称。前门大街从兴起伊始至今已有百年历史，其存在的意义不仅停留于简单商业价值，还在于街区地理位置处于北京核心地区且街区内拥有众多传统建筑遗产，其自身就见证了中国百年发展史。因其成立时间较长且街区内除拥有商品零售商店外还拥有众多旅游休闲场所和文化遗址，所以在众多国人心中，其早已不是一条单一的"购物商业街区"，而是一条能够代表中国传统文化的文化街区
中国	王府井大街	王府井大街最早形成于元代（1267 年），其商业活动则开始于明代后期，传至近代街道两侧陆续建造洋行、珠宝店、高档百货店和饭店等供北京市民日常生活所需。整个街道北起东四西大街，南至东长安街，南北全长约 1 785 米，东西约 950 米。20 世纪 90 年代中期起，陆续建造了众多现代化商业建筑，将该商业街打造成为北京著名现代商业步行街
中国	西单大街	西单大街与王府井、前门大栅栏一样同属老北京传统文化街区，整条街道南起灵境胡同，北至德胜门西大街，全长 3 730 米，与王府井大街相似，自 20 世纪 90 年代起，北京市政府在此地建造了大量现代化商业建筑，将其与王府井一样打造成为北京当地著名现代商业步行街，随后几十年时间中不断有国内外知名品牌进驻该街区，现在其已发展为闻名海外的著名现代商业街区，同时也是北京西城区著名经济文化发展热门区域，与早期修建的王府井大街相比，西单大街整体建筑氛围更显前卫时尚

---

① 韩炳越，崔杰，赵之枫. 盛世天街：北京前门大街环境规划设计 [J]. 中国园林，2006，22（4）：17-23.

国家	调研对象	调研对象简介
韩国	仁寺洞街	1994 年为了迎接首尔市建市 600 周年，首尔市推出城市复兴计划，意在重塑首尔历史文化名城地位，推出了"历史文化名城探访计划"，旨在打造城市综合历史文化探访体系，与之相配合的是建立史迹地、文化据点、公园、步行街四者之间的纽带关系，让首尔市民与外部游客在重温首尔当地历史文化记忆的同时，体验到首尔当地的风土民情。在计划中主要分为都城结构和历史探访、近代历史探访、生活文化艺术探访、宗教礼仪探访几大板块，其中仁寺洞街主要承担首尔当地"生活文化艺术探访"这一板块的内容，为进一步呈现这一内容，在道路规划过程中主要以历史文化资源为中心，建立南北步行轴，形成东西步行轴，本次调研对象为从安国地铁站开始到仁寺洞街心广场为止共计 2 700 米左右的距离
韩国	三清洞街	三清洞街为首尔特别市钟路区中学洞 38-1 号（东十字阁）至城北区城北洞 330 号（三清隧道），街道全长 2 900 米，宽 12～35 米。1966 年首尔特别市开始建设该街，主要将其打造为供艺术家、设计师等进行创造休闲的创意性街区。因所在的三清洞位于白安山、昌德宫和景福宫之间，地处韩国著名传统文化旅游景点"北村"区域内，北村不仅是首尔当地传统民居——韩屋建筑的重要分布地，还是韩国各种史迹、民俗资料的重要存放场所，目前三清洞街已成为深受外国人喜爱的首尔传统文化商业街区，并且整个街区也保持着韩国传统民居建筑风格，在建筑材料施工工艺等方面也尽量遵守韩国传统营造方式，其已成为韩国著名传统商业街区，为全世界游客更好地了解韩国文化做出了应有的贡献
韩国	清潭洞街	清潭洞时尚产业起源于 20 世纪 80 年代，最早随着狎鸥亭洞和清潭洞住宅和高档公寓的兴建而开始崛起，首先发展起来的是服装设计行业，主要为满足当地居民日常生活需要。20 世纪 90 年代中期 Galleria 百货商店入驻后，又带动了一大批知名零售业巨头进入该区域进行日常商业活动。随着该区商业规模的不断扩大，1996 年前后江南区在规划过程中也将该区定义为特色时尚街区进行重点打造，现如今该区已成为首尔著名的时尚购物、艺术画廊、休闲购物中心等系列时尚中心，作为首尔最为著名的休闲娱乐文化场所，为当地年轻人和国内外游客提供现代化的时尚服务

续表

国家	调研对象	调研对象简介
韩国	新沙洞林荫道	街道所属的江南商业街形成于 20 世纪五六十年代,最初以传统市场为中心,后期随着 70 年代韩国经济的高速发展,江南地区新建大量现代化住宅群落并且首尔当地中产阶级也迁居于此,带动了当地商业文化发展,形成了以新世界、美都波等为首的现代商业群落。进入 21 世纪以来,当地政府对其进行现代化改造升级,增加了众多现代服务设施,将其打造成为集时尚购物、休闲娱乐于一体的现代时尚商圈

3.1.2　调研方法

本书采用"目视测量法"与"仪器测量法"对所选建筑进行现场调研,因色彩采集工作易受到如天气、日照等外部因素影响,故而作者一年内共分四次对同一场所建筑色彩进行调研工作,此举最大限度地保证调研结果的实效性与准确性,时间跨度从 2015 年 7 月至 2016 年 7 月,调研时间段集中于晴天 9:00 至 15:00,此时间段为一天内日照最为充裕的时刻,受天气、日照等外部因素影响最小,其调研结果也最接近于建筑色彩实际效果。

现场测色主要采用"目视测量法"中的色彩比对法与"仪器测量法"相结合对建筑色彩进行调研,使用的色彩仪器为 NCS color Scan 2.0 色彩测量仪,该仪器能准确快捷地读取色彩相关数值(如 NCS 色彩号码、RGB 数值、L*a*b* 数值等)。色彩比对法则使用 NCS index Original 1950 色卡直接贴近建筑表面对其实施观察测色,因该色卡涵盖全部 NCS 色彩系统色彩且大小适中携带方便,一直为一线色彩设计从业人员所推崇,作者本次亦使用该色卡进行建筑色彩采集工作。在实际现场采样过程中,作者交替使用两种设备完成建筑色彩采集提取工作,两种设备具体形态如图 3-1 所示。

建筑色彩提取过程中,主要对建筑外部空间构成元素色彩如墙体、柱子、屋顶等进行提取工作,而建筑室内空间色彩则不在作者本次研究思考范围之内。鉴于本书重点关注色彩这一变量对于商业街区空间视觉效果的影响,对其他外部因素如日照、天气、材料自身属性、施工工艺等对建筑色彩所造成的影响忽略不计，因此测色时仅需对上述空间表面色彩进行提取测量即可。且主要对建筑表面三种色彩进行收集提取工作，分别为主要色、辅助色与点缀色，三者的划分依据为：主要色是指占据建筑整体色彩面积60%～70%的色彩，辅助色是指占据建筑整体色彩面积20%～30%的色彩，点缀色指占据建筑整体色彩面积5%～10%的色彩。

图3-1　NCS color Scan 2.0 色彩测量仪和 NCS index Original 1950 色彩系统
图片来源：https：//www.qtccolor.com/Product/NE－5.aspx；
https：//www.qtccolor.com/Product/A－6.aspx.

3.2　中国商业街区建筑色彩分析

3.2.1　建筑现场调研

1. 南锣鼓巷

在确定色彩调研场所和调研方法后，随即对相关场所开展现场调研工作，前文已对南锣鼓巷基本情况进行了简要说明，目前南锣鼓巷整体建筑风格最大限度地保留了北京当地传统民居形式，街道两侧建筑以三至五层低层建筑居多，整体设计风格趋同，色彩搭配方面以纯色为主即使用老北京当地民居建筑中常用的灰色，整体视觉效果与当地民居建筑无异，这也与南锣鼓巷这一传统历史文化街区自身定位相呼应，南锣鼓巷周围环境说明如图3-2所示，将整个街区分为二十一个片区。

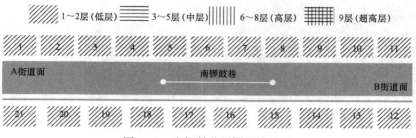

图 3−2　南锣鼓巷周围环境说明

南锣鼓巷部分建筑如图 3−3～图 3−23 所示（拍摄时间为 2015 年 7 月至 2016 年 7 月）。

图 3−3　建筑 1

图 3−4　建筑 2

图 3−5　建筑 3

图 3−6　建筑 4

图 3-7　建筑 5

图 3-8　建筑 6

图 3-9　建筑 7

图 3-10　建筑 8

图 3-11　建筑 9

图 3-12　建筑 10

图 3-13　建筑 11

图 3-14　建筑 12

图 3-15　建筑 13

图 3-16　建筑 14

图 3-17　建筑 15

图 3-18　建筑 16

图 3 − 19　建筑 17

图 3 − 20　建筑 18

图 3 − 21　建筑 19

图 3 − 22　建筑 20

图 3 − 23　建筑 21

2. 前门大街

作者对前门大街进行现场调研后发现，前门大街虽与南锣鼓巷同属北京传统历史文化商业街区，街道两侧建筑多以三至五层低层建筑为主，但其建筑风格与南锣鼓巷完全不同，其以仿民国时期建筑风格为主，并非以单纯老北京四合院建筑形式为主，其中部分建筑中还发现有不少西洋古典建筑元素存在，如罗马柱式等元素，建筑材料使用方面相较南锣鼓巷更趋多样化，除使用老北京传统民居建筑中常见的青砖外，还搭配红砖、混凝土等材料，在保证整体建筑风格统一的前提下不缺乏个体特色，使其整体色彩搭配风格在庄严中透露轻松之感。前门大街周围环境说明如图 3−24 所示，将整个街区分为二十五个片区。

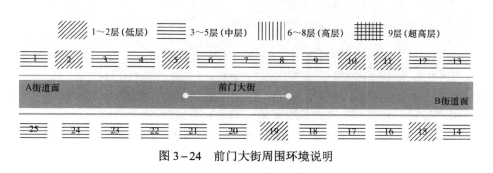

图 3−24　前门大街周围环境说明

前门大街部分建筑如图 3−25～图 3−49 所示（拍摄时间为 2015 年 7 月至 2016 年 7 月）。

图 3−25　建筑 1

图 3−26　建筑 2

图 3-27　建筑 3

图 3-28　建筑 4

图 3-29　建筑 5

图 3-30　建筑 6

图 3-31　建筑 7

图 3-32　建筑 8

图 3-33　建筑 9

图 3-34　建筑 10

图 3-35　建筑 11

图 3-36　建筑 12

图 3-37　建筑 13

图 3-38　建筑 14

图 3-39　建筑 15

图 3-40　建筑 16

图 3-41　建筑 17

图 3-42　建筑 18

图 3-43　建筑 19

图 3-44　建筑 20

图3-45　建筑21

图3-46　建筑22

图3-47　建筑23

图3-48　建筑24

图3-49　建筑25

3. 王府井大街

在结束对两条传统风格商业街区调研后，作者转而对北京两条现代商业街区开展调研工作。首先对王府井大街开展现场调研，王府井大街街道建筑以中高层建筑混合搭配为主，这与之前调研的南锣鼓巷与前门大街风格截然相反，建筑多为现代主义风格，但其中不少建筑仍保存有如"四角攒尖"和"穹窿顶"等中国传统建筑元素，建筑色彩搭配风格更加多元化，出现如亮红色、金色等相关颜色，使得整体建筑格调更加明快，王府井大街周围环境说明如图3-50所示，将整个街区分为十九个片区。

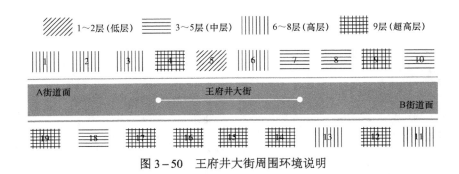

图3-50　王府井大街周围环境说明

王府井大街部分建筑如图3-51～图3-69所示（拍摄时间为2015年7月至2016年7月）。

图3-51　建筑1　　　　　　　　　　图3-52　建筑2

图 3-53　建筑 3

图 3-54　建筑 4

图 3-55　建筑 5

图 3-56　建筑 6

图 3-57　建筑 7

图 3-58　建筑 8

图 3-59 建筑 9

图 3-60 建筑 10

图 3-61 建筑 11

图 3-62 建筑 12

图 3-63 建筑 13

图 3-64 建筑 14

图 3−65　建筑 15

图 3−66　建筑 16

图 3−67　建筑 17

图 3−68　建筑 18

图 3−69　建筑 19

4. 西单大街

在完成对王府井大街的调研工作后，作者开始对北京当地最后一个调研对象西单大街开展调研，工作内容与流程均与前期工作一致。经过调研走访后发现，西单大街情况又与王府井大街存在较大差异，西单大街不同于王府井大街建筑构成要素如屋顶、立面等，其中还保存有大量中国传统建筑元素，西单大街整体建筑风格完全为现代化商业建筑群落，建筑中已完全找不出任何中国传统建筑元素，且建筑材料也主要以玻璃幕墙轻钢结构为主。这就导致其在色彩搭配方面既不同于两条传统商业街区坚持走统一整齐路线，也不同于王府井大街建筑色彩搭配风格走多元化路线，而是自成一派在色彩搭配中大量出现金属感韵味十足的银色与灰色，使整条街区建筑色彩氛围略显冷峻，这与前期调研中所遇到的情况存在明显差异，周围环境说明如图3-70所示，将整个街区分为十八个片区。

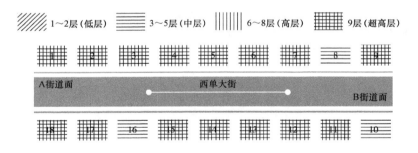

图 3-70　西单大街周围环境说明

西单大街部分建筑如图3-71～图3-88所示（拍摄时间为2015年7月至2016年7月）。

第 3 章　中韩两国商业街区色彩调研

图 3-71　建筑 1

图 3-72　建筑 2

图 3-73　建筑 3

图 3-74　建筑 4

图 3-75　建筑 5

图 3-76　建筑 6

图 3-77 建筑 7

图 3-78 建筑 8

图 3-79 建筑 9

图 3-80 建筑 10

图 3-81 建筑 11

图 3-82 建筑 12

图 3-83　建筑 13

图 3-85　建筑 15

图 3-86　建筑 16

图 3-87　建筑 17

图 3-88　建筑 18

图 3-84　建筑 14

中韩商业街区建筑色彩分析研究

3.2.2　建筑色彩图谱分析

1. 南锣鼓巷

在结束对建筑现场色彩调研采样后，绘制南锣鼓巷建筑色彩图谱并对其进行分析，主要对其主要色、辅助色、点缀色三色分布情况进行梳理，具体情况如表 3-2～表 3-4 所示。同时对各系列色彩在三色权重占比情况以及三色各自色相色调分布情况进行分析。

表 3-2　南锣鼓巷建筑色彩主要色分布

主要色				
S 5502-Y	S 5005-B20G	S 4502-B	S 4040-Y90R	S 3000-N
S 3005-Y80R	S 7502-Y	S 4020-Y40R	S 3502-R	S 6005-R80B
S 5000-N	S 7010-Y90R	S 6500-N	S 6005-B20G	S 2502-Y

表 3-3　南锣鼓巷建筑色彩辅助色分布

辅助色				
S 3005-R90B	S 3020-R90B	S 4020-Y70R	S 6502-R	S 4005-R80B
S 1002-Y	S 6005-G80Y	S 4000-N	S 3005-Y80R	S 3050-Y80R
S 5010-Y70R	S 4050-R	S 7020-Y80R	S 4502-B	S 2070-R

续表

辅助色				
S 3030-R10B	S 7010-B30G	S 1050-Y20R	S 3050-R	S 5005-B20G

表 3-4　南锣鼓巷建筑色彩点缀色分布

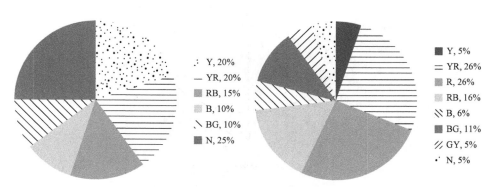

点缀色				
S 4050-B	S 2070-R	S 7005-Y80R	S 2030-Y	S 3060-R80B
S 5020-Y70R	S 5040-R	S 1080-R	S 0603-G80Y	S 5030-B70G
S 5040-R80B	S 8502-B	S 0603-Y40R	S 3065-Y20R	S 1060-Y10R
S 5040-B90G				

　　南锣鼓巷建筑色彩主要色、辅助色、点缀色色彩图谱权重占比如图 3-89~
图 3-91 所示。

图 3-89　主要色色彩图谱权重占比　　图 3-90　辅助色色彩图谱权重占比

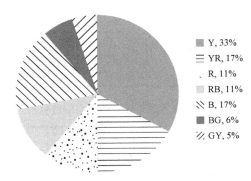

- ■ Y, 33%
- ☰ YR, 17%
- ⋮ R, 11%
- ▨ RB, 11%
- ⧄ B, 17%
- ▦ BG, 6%
- ⧄ GY, 5%

图3-91　点缀色色彩图谱权重占比

　　南锣鼓巷建筑色彩主要色、辅助色、点缀色色相分布如图3-92～图3-94所示。

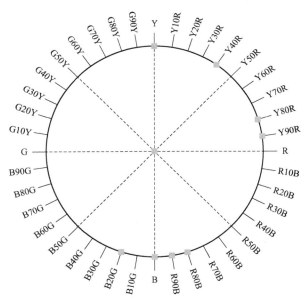

图3-92　主要色色相分布

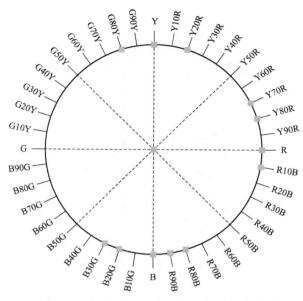

图 3-93 辅助色色相分布

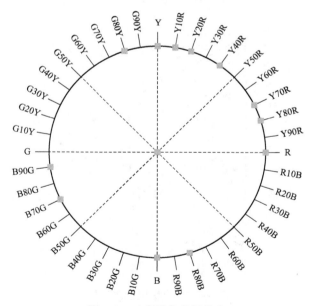

图 3-94 点缀色色相分布

南锣鼓巷建筑色彩主要色、辅助色、点缀色色调分布如图 3-95～图 3-97

所示。

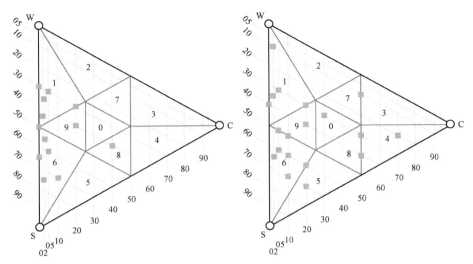

图3-95　主要色色调分布　　　　　图3-96　辅助色色调分布

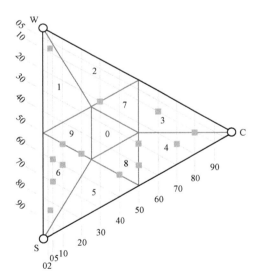

图3-97　点缀色色调分布

对南锣鼓巷建筑色彩分析结果如下所述。主要色大量采用Y、Y40R、Y80R、Y90R、R80B、R90B、B、B20G、N系列色彩；从色彩分布上看，N系列色彩占比最高，其后依次为 YR 系列、N 系列、RB 系列、BG 系列、B 系列。辅助色大量采用 Y、Y20R、Y50R、Y70R、Y80R、R80B、B50G、G80Y、G90Y 色相色彩；从色彩分布上看，YR 系列与 R 系列色彩占比最高，其后依次为 RB 系列、BG 系列、Y 系列、B 系列、GY 系列、N 系列。点缀色大量采用 Y、Y10R、Y20R、Y40R、Y70R、Y80R、R、R80B、B、B70G、B90G、G80Y 系列色彩；从色彩分布上看，YR 系列色彩占比最高，其后依次为 R 系列、RB 系列、B 系列、BG 系列、GY 系列。综上所述，N 系列与 YR 系列色彩在三色中皆属于高占比色彩系列。随后对色调分布情况进行分析：三色中包含 clean&bright、dull、uncharacteristic、gray、clear&strong、dark-gray、light-gray、deep、deep&strong 色调，其中尤以 dark-gray 色调占比最高，因此可以断定 dark-gray 色调所代表色彩寓意即街区视觉氛围，而 dark-gray 所对应的色彩寓意正是庄重与深沉，这也与作者在现场调研过程中所感受到的色彩氛围相吻合。

2. 前门大街

与南锣鼓巷一致，绘制前门大街建筑色彩图谱并对其进行分析，主要对其主要色、辅助色、点缀色三色分布情况进行汇总，如表 3-5～表 3-7 所示。同时对各系列色彩在三色权重占比情况以及三色各自色相色调分布情况进行分析。

表 3-5　前门大街建筑色彩主要色分布

主要色				
S 6005-R90B	S 2002-Y	S 5010-R90B	S 4010-R90B	S 2010-B10G
S 4502-B	S 3502-G	S 5005-R80B	S 5000-N	S 6502-B

续表

主要色				
S 4500-N	S 5010-R90B	S 5030-Y30R	S 5502-B	S 6005-B20G
S 4040-R10B	S 5502-G	S 2502-Y	S 5040-R	S 4005-R80B

表3-6　前门大街建筑色彩辅助色分布

辅助色				
S 7500-N	S 1060-Y90R	S 7010-B30G	S 2020-R80B	S 4050-Y80R
S 0804-B50G	S 0505-Y10R	S 4030-B90G	S 6010-Y70R	S 3040-Y50R
S 7502-Y	S 4030-Y60R	S 2070-R	S 5040-B60G	S 4030-R90B
S 7010-Y50R				

表3-7　前门大街建筑色彩点缀色分布

点缀色				
S 2070-R	S 6010-Y90R	S 7010-B70G	S 3065-Y20R	S 4040-B90G
S 4010-B30G	S 5502-B	S 4050-G	S 3050-Y10R	S 6010-Y70R
S 4050-Y80R	S 0603-G80Y	S 4030-B90G	S 6005-B20G	S 6020-B70G
S 5005-R80B				

前门大街建筑色彩主要色、辅助色、点缀色色彩图谱权重占比如图 3-98~
图 3-100 所示。

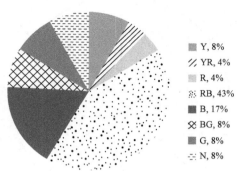

图 3-98　主要色色彩图谱权重占比

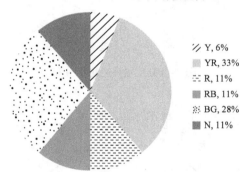

图 3-99　辅助色色彩图谱权重占比

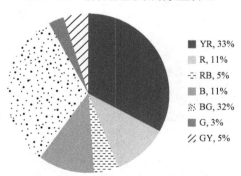

图 3-100　点缀色色彩图谱权重占比

前门大街建筑色彩主要色、辅助色、点缀色色相分布如图 3-101~
图 3-103 所示。

中韩商业街区建筑色彩分析研究

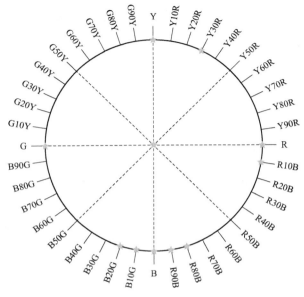

图 3-101　主要色色相分布

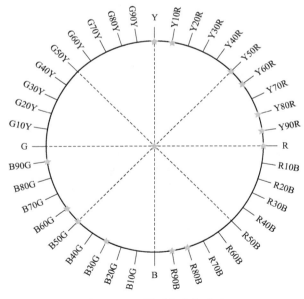

图 3-102　辅助色色相分布

54

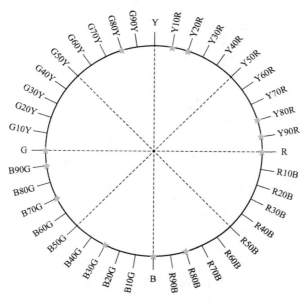

图 3-103　点缀色色相分布

前门大街建筑色彩主要色、辅助色、点缀色色调分布如图 3-104～图 3-106 所示。

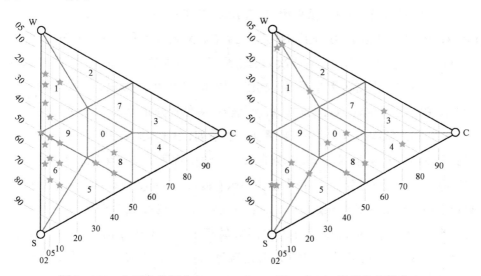

图 3-104　主要色色调分布　　　图 3-105　辅助色色调分布

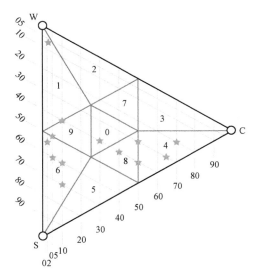

图 3－106　点缀色色调分布

对前门大街建筑色彩分析结果如下所述。主要色大量采用 Y、Y30R、R、R10B、R80B、R90B、B、B10G、B20G、G、N 系列色彩；从色彩分布上看，N 系列色彩占比最高，其后依次为 B 系列、YR 系列、Y 系列、BG 系列、G 系列、RB 系列。辅助色大量采用 Y、Y10R、Y50R、Y60R、Y80R、Y90R、R、R80B、R90B、B30G、B50G、B60G、B90G、N 系列色彩；从色彩分布上看，YR 系列色彩占比最高，其后依次为 BG 系列、RB 系列、Y 系列、B 系列、GY 系列、N 系列。点缀色大量采用 Y10R、Y20R、Y80R、Y90R、R、R80B、B、B30G、B70G、B90G、G、G80Y 系列色彩；从色彩分布上看，YR 系列色彩占比最高，其后依次为 RB 系列、R 系列、B 系列、BG 系列、GY 系列、G 系列。综上所述，其中 N 系列与 YR 系列色彩在三色中皆属于高占比色彩系列。随后对色调分布情况进行分析：三色中包含 dark-gray、light-gray、deep、uncharacteristic、whitish&pale、deep&strong、clear&strong 色调，与南锣鼓巷遇到的情况相一致，也是 dark-gray 色调在三色中拥有最高占比。dark-gray 色调即代表街区色彩氛围。由此可见，前门大街建筑形式虽与南锣鼓巷风格迥异，但其整体色彩氛围却与南锣鼓巷如出一辙。

3. 王府井大街

参照南锣鼓巷与前门大街分析手法，绘制王府井大街建筑色彩图谱对其进行分析，主要涉及主要色、辅助色、点缀色三色分布情况如表 3-8～表 3-10所示，同时对各系列色彩在三色权重占比情况以及三色各自色相色调分布情况进行分析。

表 3-8　王府井大街建筑色彩主要色分布

主要色				
S 3020-Y30R	S 2010-Y30R	S 5005-R50B	S 1080-Y10R	S 2040-Y40R
S 1000-N	S 1030-Y30R	S 0520-Y40R	S 0520-Y20R	S 2000-N
S 2005-Y30R	S 3060-Y60R	S 2050-Y20R	S 4030-Y90R	

表 3-9　王府井大街建筑色彩辅助色分布

辅助色				
S 3030-Y50R	S 8005-Y50R	S 5010-B10G	S 4005-Y20R	S 9000-N
S 6020-B	S 5020-B	S 2000-N	S 7005-R80B	S 2005-Y30R
S 1010-Y30R	S 5000-N			

表 3-10 王府井大街建筑色彩点缀色分布

点缀色				
S 2070-Y20R	S 1070-Y20R	S 7010-R90B	S 2005-Y30R	S 8000-N
S 2020-Y30R	S 6020-Y40R	S 4050-Y40R	S 3050-Y50R	S 2070-Y80R
S 5010-Y90R				

　　王府井大街建筑色彩主要色、辅助色、点缀色色彩图谱权重占比如图 3-107~图 3-109 所示。

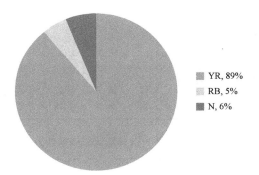

YR, 89%
RB, 5%
N, 6%

图 3-107 主要色色彩图谱权重占比

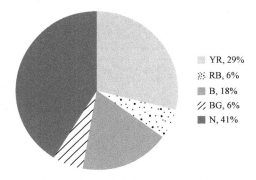

YR, 29%
RB, 6%
B, 18%
BG, 6%
N, 41%

图 3-108 辅助色色彩图谱权重占比

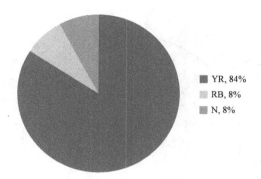

图 3－109　点缀色色彩图谱权重占比

　　王府井大街建筑色彩主要色、辅助色、点缀色色相分布如图 3－110～图 3－112 所示。

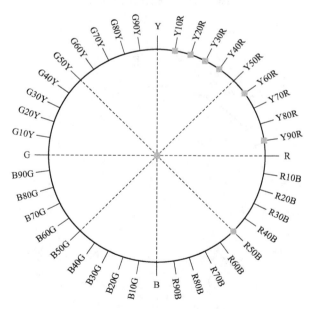

图 3－110　主要色色相分布

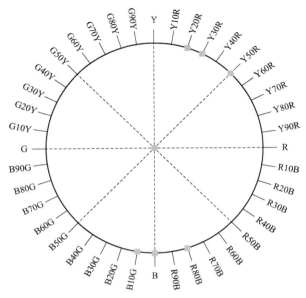

图 3-111　辅助色色相分布

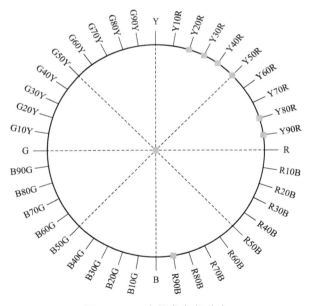

图 3-112　点缀色色相分布

王府井大街建筑色彩主要色、辅助色、点缀色色调分布如图 3-113~
图 3-115 所示。

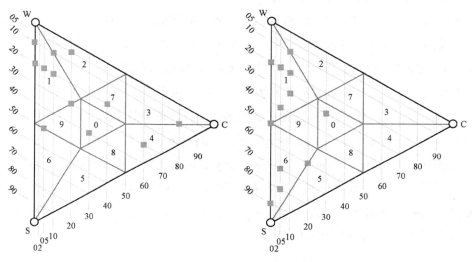

图 3-113　主要色色调分布　　　　图 3-114　辅助色色调分布

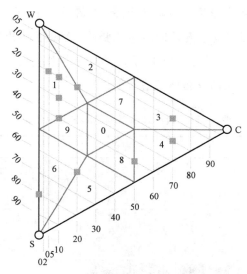

图 3-115　点缀色色调分布

对王府井大街建筑色彩分析结果如下所述。主要色大量采用 Y10R、Y20R、Y30R、Y40R、Y60R、Y90R、R50B、N 系列色彩；从色彩分布上看，YR 系列色彩占比最高，其后依次为 N 系列、RB 系列。辅助色大量采用 Y20R、Y30R、Y50R、R80B、B、B10G、N 系列色彩；从色彩分布上看，N 系列色彩占比最高，其后依次为 YR 系列、B 系列、BG 系列、RB 系列。点缀色大量采用 Y20R、Y30R、Y40R、Y50R、Y80R、Y90R、R90B、N 系列色彩；从色彩分布上看，YR 系列色彩占比最高，其后依次为 RB 系列、N 系列。综上所述，其中 YR 系列色彩在三色中皆属于高占比色彩系列。随后对色调分布情况进行分析：三色中包含 whitish&pale、light-gray、gray、dark-gray uncharacteristic、deep、deep&strong、clear&strong 色调，light-gray 色调在三色中皆拥有最高占比，因此可以断定 light-gray 色调所代表色彩寓意即为街区所呈现出的最终视觉氛围，而 light-gray 色调所对应的色彩寓意正是轻松与舒缓，这与作者在现场调研过程中所感受到的色彩氛围相吻合。

4. 西单大街

在完成前三个街区建筑的色彩分析后，对最后一个调研对象西单大街建筑色彩进行分析，参照前期研究依旧对其主要色、辅助色、点缀色三色分布情况进行梳理，如表 3–11～表 3–13 所示，同时对各系列色彩在三色权重占比情况以及三色各自色相色调分布情况进行分析。

表 3–11　西单大街建筑色彩主要色分布

主要色				
S 2010-Y30R	S 0500-N	S 2005-Y30R	S 3020-Y30R	S 1500-N
S 0520-Y20R	S 2502-Y	S 3020-B30G	S 2010-B30G	S 1000-N
S 8500-N	S 9000-N	S 8502-Y		

表 3-12　西单大街建筑色彩辅助色分布

辅助色

S 7005-R80B	S 3020-Y30R	S 2000-N	S 9000-N	S 1070-Y20R
S 2040-Y40R	S 2005-Y30R	S 1500-N		

表 3-13　西单大街建筑色彩点缀色分布

点缀色

S 3020-Y30R	S 2000-N			

　　西单大街建筑色彩主要色、辅助色、点缀色色彩图谱权重占比如图 3-116~图 3-118 所示。

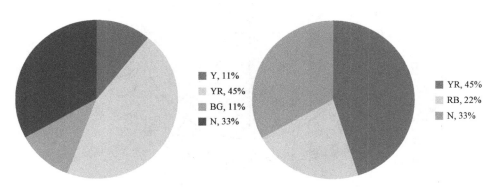

图 3-116　主要色色彩图谱权重占比　　　　图 3-117　辅助色色彩图谱权重占比

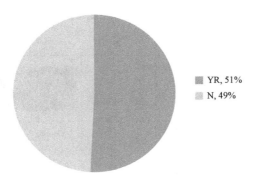

图3-118　点缀色色彩图谱权重占比

西单大街建筑色彩主要色、辅助色、点缀色色相分布如图 3-119～图 3-121 所示。

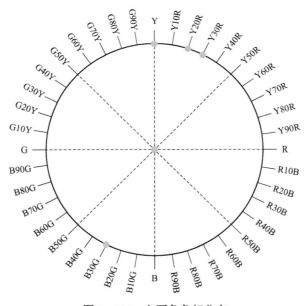

图3-119　主要色色相分布

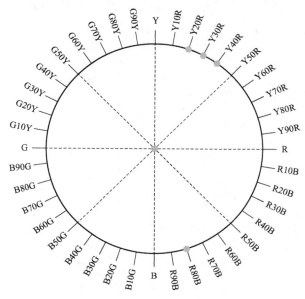

图 3-120　辅助色色相分布

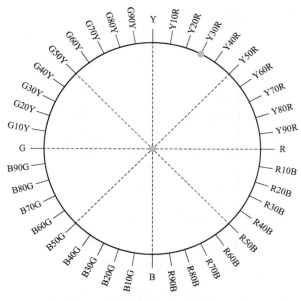

图 3-121　点缀色色相分布

中韩商业街区建筑色彩分析研究

西单大街建筑色彩主要色、辅助色、点缀色色调分布如图 3－122～
图 3－124 所示。

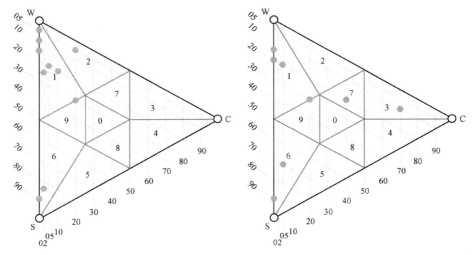

图 3－122　主要色色调分布　　　　　图 3－123　辅助色色调分布

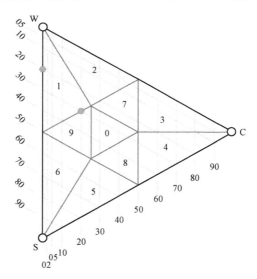

图 3－124　点缀色色调分布

对西单大街建筑色彩分析结果如下所述。主要色大量采用 Y、Y20R、Y30R、
B30G、N 系列色彩；从色彩分布上看，YR 系列色彩占比最高，其后依次为 N

66

系列、RB 系列、Y 系列。辅助色大量采用 Y20R、Y30R、Y40R、R80B、N 系列色彩；从色彩分布上看，还是 YR 系列色彩占比最高，其后依次为 N 系列、RB 系列。点缀色大量采用 Y30R、N 系列色彩；从色彩分布上看，依然是 YR 系列色彩占比最高，其后为 N 系列。综上所述，其中 YR 系列色彩在三色中属于高占比色彩系列。随后对色调分布情况进行分析：三色中包含 light-gray、dark-gray、clean&bright、clear&strong、whitish&pale 色调，light-gray 色调在三色中皆拥有最高占比，因此可以断定 light-gray 色调即是街区所呈现出的最终视觉氛围，但相较王府井大街，西单大街建筑整体设计风格更趋于现代，因其材料为轻钢与玻璃材质，使其整体色彩氛围更显轻松与舒缓。

综上所述，中国所选取四个调研对象虽建筑设计风格迥异，但色彩搭配风格均能恰到好处地与其自身设计定位风格相统一，可直接依据其色彩搭配风格读取其背后文化信息，整体建筑色彩可识别度高。

3.3　韩国商业街区建筑色彩分析

3.3.1　建筑现场调研

1. 仁寺洞街

在完成对中国各调研对象建筑色彩分析后，转而对韩国调研对象开展建筑现场取样分析，具体顺序为仁寺洞街、三清洞街、清潭洞街、新沙洞林荫道。作者首先对仁寺洞街进行调研，发现该街道建筑主要以三至五层低层建筑为主，建筑形态以韩国近现代建筑样式为主，并非韩国传统民居建筑，建筑形式较为单一且建筑立面略显陈旧，这一状态与中国传统商业街区所呈现出的视觉状态不同，色彩搭配方面也与中国传统商业街区均对标北京民居建筑采用相同系列色彩形成鲜明对比，该街道建筑色彩搭配更趋多样性，整体视觉效果上与北京当地传统商业街区所呈现出的统一性与庄重性不同，该街区建筑色彩视觉效果更趋多元化，周围环境说明如图 3－125 所示，将整个街区分为二十四个片区。

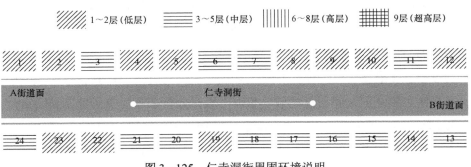

图 3-125　仁寺洞街周围环境说明

　　仁寺洞街部分建筑如图 3-126～图 3-149 所示（拍摄时间为 2015 年 7 月至 2016 年 7 月）。

图 3-126　建筑 1

图 3-127　建筑 2

图 3-128　建筑 3

图 3-129　建筑 4

图 3 – 130　建筑 5

图 3 – 131　建筑 6

图 3 – 132　建筑 7

图 3 – 133　建筑 8

图 3 – 134　建筑 9

图 3 – 135　建筑 10

图 3 – 136　建筑 11

图 3 – 137　建筑 12

图 3 – 138　建筑 13

图 3 – 139　建筑 14

图 3 – 140　建筑 15

图 3 – 141　建筑 16

图 3-142　建筑 17

图 3-143　建筑 18

图 3-144　建筑 19

图 3-145　建筑 20

图 3-146　建筑 21

图 3-147　建筑 22

图 3-148　建筑 23　　　　　　　　图 3-149　建筑 24

2. 三清洞街

在完成对仁寺洞街调研后，将目光投向首尔另一条传统文化商业街区三清洞街，进行实地调研后发现，虽其自身定位为传统商业街区，但建筑形式中并未包含明显韩国传统建筑元素，其中发现众多西洋建筑元素如坡屋顶、老虎窗等，与仁寺洞街较为单一建筑形式不同，该街区建筑形式更加多元化，其中不乏解构主义、粗野主义等风格建筑出现。建筑立面新旧程度较仁寺洞街也明显较新，其建筑风格的多元化，必然导致建筑材料使用的多样化，表现在建筑色彩层面即色彩应用范围更加广泛，这与在北京两条传统商业街区建筑色彩所遇到的情况完全不同。总体而言北京两条传统商业街区建筑色彩风格较为统一，而韩国两条传统商业街区则根据自身特色各自选取色彩加以利用最终效果各有千秋，周围环境说明如图 3-150 所示，将整个街区分为二十二个片区。

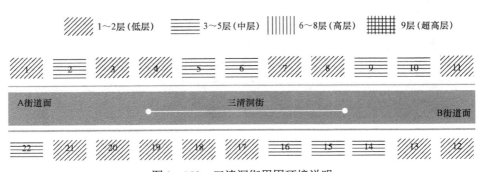

图 3-150　三清洞街周围环境说明

三清洞街部分建筑如图3-151～图3-172所示（拍摄时间为2015年7月至2016年7月）。

图3-151　建筑1

图3-152　建筑2

图3-153　建筑3

图3-154　建筑4

图3-155　建筑5

图3-156　建筑6

图 3-157　建筑 7

图 3-158　建筑 8

图 3-159　建筑 9

图 3-160　建筑 10

图 3-161　建筑 11

图 3-162　建筑 12

图 3-163　建筑 13

图 3-164　建筑 14

图 3-165　建筑 15

图 3-166　建筑 16

图 3-167　建筑 17

图 3-168　建筑 18

图 3-169　建筑 19

图 3-170　建筑 20

图 3-171　建筑 21

图 3-172　建筑 22

3. 清潭洞街

在完成对韩国传统商业街区现场调研后，随即对韩国现代商业街区开展调研工作，首先对清潭洞街开展调研，作为韩国现代商业街区的一个缩影，街道建筑普遍以六至八层中高层建筑为主并夹杂着若干低层建筑，建筑设计中大量使用当下潮流与时尚元素，近年来不少国际知名设计师的作品也时常在此落户，其建筑形态在前卫性与时尚性方面在韩国当地都极具代表性。不少建筑中使用金属、玻璃、木材等材料作为建筑主材，使得建筑整体氛围较三清洞街更显轻松与愉悦，色彩视觉层面较韩国传统商业街区更显丰富，置身其中可真切体验到韩国现代建筑所散发出来的流行时尚文化氛围。周围环境说明如图 3-173所示，将整个街区分为十九个片区。

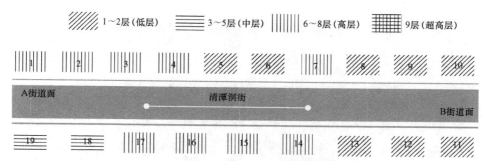

图3-173 清潭洞街周围环境说明

清潭洞街部分建筑如图3-174～图3-192所示（拍摄时间为2015年7月至2016年7月）。

图3-174 建筑1

图3-175 建筑2

图3-176 建筑3

图3-177 建筑4

图 3-178　建筑 5

图 3-179　建筑 6

图 3-180　建筑 7

图 3-181　建筑 8

图 3-182　建筑 9

图 3-183　建筑 10

图 3－184　建筑 11

图 3－185　建筑 12

图 3－186　建筑 13

图 3－187　建筑 14

图 3－188　建筑 15

图 3－189　建筑 16

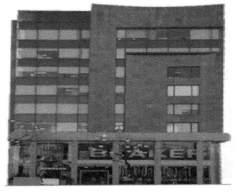

图 3-190　建筑 17

图 3-191　建筑 18

图 3-192　建筑 19

4. 新沙洞林荫道

在完成对其他商业街区建筑现场调研采样后，作者随即开展对新沙洞林荫道的调研走访工作，作为 20 世纪 70 年代诞生与崛起的商业街区，不似清潭洞街建筑多以六至八层高层建筑为主，其以两至三层或三至五层低层建筑为主，但建筑设计风格较清潭洞街更加前卫与时尚，这一点源于该街区服务对象主要面向韩国青年人群，在整体店面设计中大量采用深受青年人群喜爱的立面设计风格与开窗方式吸引青年人群注意，建筑材料也普遍采用以金属与玻璃为主的建材，色彩设计层面整条街区色彩以北欧极简主义中常用的灰白黑三种颜色作

为建筑主体色调,相较清潭洞街建筑色彩更显高冷与严肃。作为服务韩国青年
一代的现代商业街区,其建筑色彩搭配方式也反映了韩国现代商业街区建筑色
彩的发展变化趋势。周围环境说明如图 3-193 所示,将整个街区分为二十个
片区。

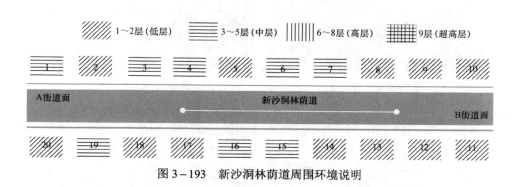

图 3-193　新沙洞林荫道周围环境说明

新沙洞林荫道部分建筑如图 3-194～图 3-213 所示(拍摄时间为 2015 年
7 月至 2016 年 7 月)。

图 3-194　建筑 1

图 3-195　建筑 2

图 3 – 196　建筑 3

图 3 – 197　建筑 4

图 3 – 198　建筑 5

图 3 – 199　建筑 6

图 3 – 200　建筑 7

图 3 – 201　建筑 8

图 3－202　建筑 9

图 3－203　建筑 10

图 3－204　建筑 11

图 3－205　建筑 12

图 3－206　建筑 13

图 3－207　建筑 14

图 3-208　建筑 15

图 3-209　建筑 16

图 3-210　建筑 17

图 3-211　建筑 18

图 3-212　建筑 19

图 3-213　建筑 20

3.3.2　建筑色彩图谱分析

1. 仁寺洞街

作者通过现场采样，绘制仁寺洞街建筑色彩图谱并对其进行分析，主要对其主要色、辅助色、点缀色三色分布情况进行梳理，如表 3-14～表 3-16 所示，同时对各系列色彩在三色权重占比情况以及三色各自色相色调分布情况进行分析。

表 3-14　仁寺洞街建筑色彩主要色分布

主要色				
S 6010-Y30R	S 2050-B30G	S 2030-Y40R	S 1005-Y20R	S 2040-Y50R
S 0907-Y30R	S 5010-Y90R	S 1502-Y	S 2002-Y	S 8000-N
S 2040-Y10R	S 2040-Y40R	S 7020-Y50R	S 7500-N	S 0505-Y10R
S 1502-G50Y	S 5020-Y50R	S 8502-B	S 6502-R	S 1040-Y70R
S 4010-R90B	S 5020-Y90R	S 8502-Y		

表 3-15　仁寺洞街建筑色彩辅助色分布

辅助色				
S 5010-Y30R	S 5502-G	S 0907-Y10R	S 5000-N	S 5030-Y50R
S 4010-Y50R	S 9000-N	S 7010-R10B	S 5030-Y60R	S 8502-R

续表

辅助色				
S 1502-Y	S 4005-B50G	S 1502-R50B	S 7005-B80G	S 5005-Y50R
S 5005-Y50R	S 8502-B			

表 3-16　仁寺洞街建筑色彩点缀色分布

点缀色				
S 7020-R80B	S 6020-Y50R	S 1502-Y	S 7502-B	S 6010-Y10R
S 1080-Y20R	S 3000-N	S 5040-B90G	S 1505-Y30R	

仁寺洞街建筑色彩主要色、辅助色、点缀色色彩图谱权重占比如图3-214～图3-216 所示。

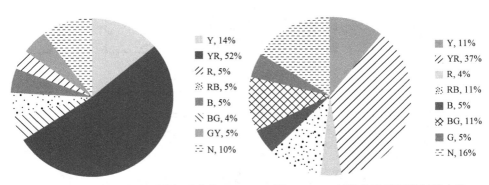

图 3-214　主要色色彩图谱权重占比	图 3-215　辅助色色彩图谱权重占比

主要色：
Y, 14%
YR, 52%
R, 5%
RB, 5%
B, 5%
BG, 4%
GY, 5%
N, 10%

辅助色：
Y, 11%
YR, 37%
R, 4%
RB, 11%
B, 5%
BG, 11%
G, 5%
N, 16%

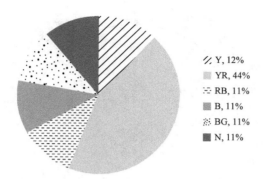

图 3-216　点缀色色彩图谱权重占比

　　仁寺洞街建筑色彩主要色、辅助色、点缀色色相分布如图 3-217～图 3-219 所示。

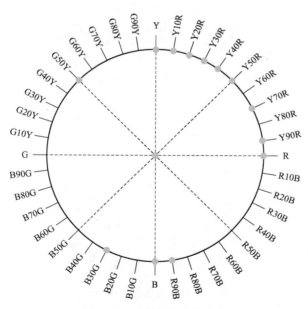

图 3-217　主要色色相分布

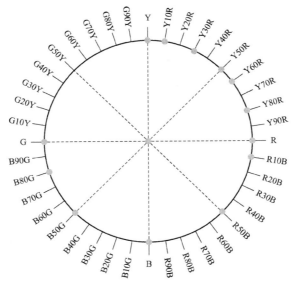

图 3-218　辅助色色相分布

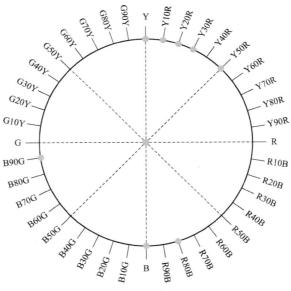

图 3-219　点缀色色相分布

　　仁寺洞街建筑色彩主要色、辅助色、点缀色色调分布如图 3-220～图 3-222 所示。

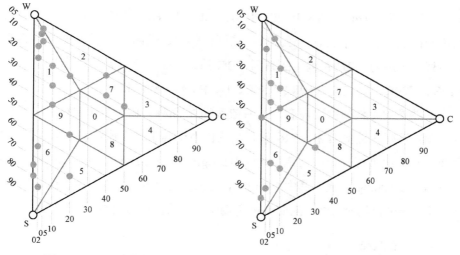

图 3-220　主要色色调分布　　　　　图 3-221　辅助色色调分布

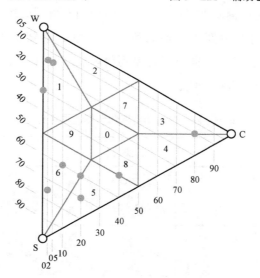

图 3-222　点缀色色调分布

　　对仁寺洞街建筑色彩分析结果如下所述。主要色大量采用 Y、Y10R、Y20R、Y30R、Y40R、Y50R、Y70R、Y90R、R、R90B、B、B30G、G50Y、N 系列色彩；从色彩分布上看，YR 系列色彩占比最高，其后依次为 Y 系列、N 系列、RB 系列、BG 系列、GY 系列、B 系列、R 系列。辅助色大量采用 Y、Y10R、

Y30R、Y50R、Y60R、Y80R、R、R10B、R50B、B、B50G、B80G、G、N 系列色彩；从色彩分布上看，还是 YR 系列色彩占比最高，其后依次为 N 系列、Y 系列、R 系列、RB 系列、B 系列、BG 系列、G 系列。点缀色大量采用 Y、Y10R、Y20R、Y30R、Y50R、R80B、B、B90G、N 色相色彩；从色彩分布上看，依然是 YR 系列占比最高，其后依次为 Y 系列、RB 系列、B 系列、N 系列、BG 系列。综上所述，YR 系列在三色中皆属于高占比色彩系列。随后对色调分布情况进行分析：三色中包含 light-gray、dark-gray、clean&bright、dull、deep、deep&strong 色调，其中 light-gray 色调在三色中皆拥有最高占比，参考中国调研对象分析结论可知，light-gray 色调所对应的色彩寓意为轻松与舒缓。

2. 三清洞街

在完成现场色彩调研采样后，作者随即绘制三清洞街建筑色彩图谱并对其进行分析，主要对其主要色、辅助色、点缀色三色分布情况进行梳理，如表 3-17～表 3-19 所示，同时对各系列色彩在三色权重占比情况以及三色各自色相色调分布情况进行分析。

表 3-17 三清洞街建筑色彩主要色分布

主要色				
S 2040-Y50R	S 0502-Y	S 1080-Y20R	S 5000-N	S 1505-Y40R
S 1510-Y	S 1502-Y	S 2002-Y	S 6010-Y30R	S 0502-G50Y
S 3000-N	S 3020-Y60R	S 1505-Y30R	S 8010-Y50R	S 5010-Y30R
S 0502-Y	S 4005-Y20R	S 1005-Y20R	S 6500-N	S 2040-Y70R

表 3-18　三清洞街建筑色彩辅助色分布

辅助色

S 0603-G80Y	S 3005-Y50R	S 7010-Y70R	S 8502-Y	S 7005-Y50R
S 2502-Y	S 7020-Y70R	S 2005-Y30R	S 5030-Y40R	S 3065-Y20R
S 3005-Y20R	S 5010-Y50R	S 1030-Y80R	S 5020-Y50R	S 7502-Y
S 0603-G90Y	S 7020-R80B	S 4010-B50G		

表 3-19　三清洞街建筑色彩点缀色分布

点缀色

S 7010-B10G	S 6010-R20B	S 7005-G20Y	S 2010-Y50R	S 6010-Y30R
S 5005-G20Y	S 1060-G70Y	S 5020-R	S 1505-Y50R	S 3040-Y20R
S 6502-Y	S 2070-R			

　　三清洞街建筑色彩主要色、辅助色、点缀色色彩图谱权重占比如图 3-223～图 3-225 所示。

　　三清洞街建筑色彩主要色、辅助色、点缀色色相分布如图 3-226～图 3-228 所示。

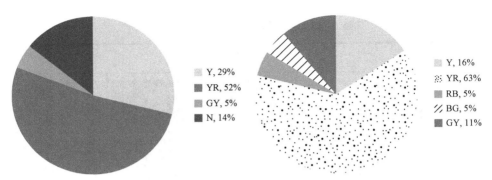

图 3-223　主要色色彩图谱权重占比　　　图 3-224　辅助色色彩图谱权重占比

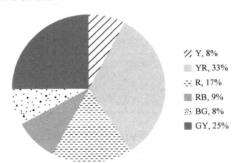

图 3-225　点缀色色彩图谱权重占比

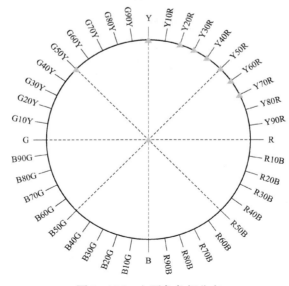

图 3-226　主要色色相分布

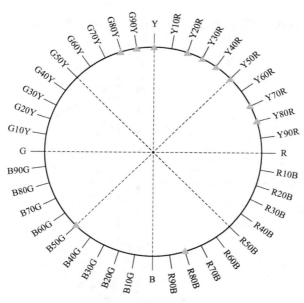

图 3-227　辅助色色相分布

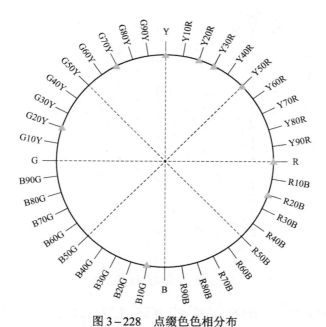

图 3-228　点缀色色相分布

　　三清洞街建筑色彩主要色、辅助色、点缀色色调分布如图 3-229～
图 3-231 所示。

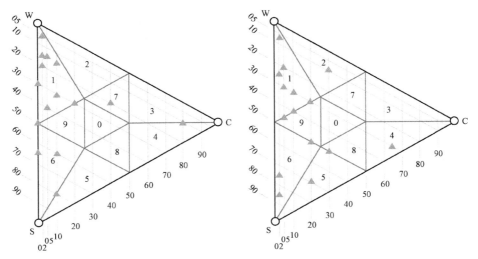

图 3-229　主要色色调分布　　　　　图 3-230　辅助色色调分布

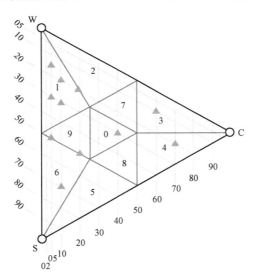

图 3-231　点缀色色调分布

　　对三清洞街建筑色彩分析结果如下所述。主要色大量采用 Y、Y20R、Y30R、
Y40R、Y50R、Y60R、Y70R、G50Y、N 系列色彩；从色彩分布上看，YR 系

列色彩占比最高，其后依次为 Y 系列、N 系列、GY 系列。辅助色大量采用 Y、Y20R、Y30R、Y40R、Y50R、Y70R、Y80R、R80B、B50G、G80Y、G90Y 系列色彩；从色彩分布上看，还是 YR 系列色彩占比最高，其后依次为 Y 系列、GY 系列、RB 系列、BG 系列。点缀色大量采用 Y、Y20R、Y30R、Y50R、R、R20B、B10G、G20Y、G70Y 系列色彩；从色彩分布上看，仍然是 YR 系列色彩占比最高，其后依次为 GY 系列、R 系列、RB 系列、BG 系列、Y 系列。综上所述，YR 系列色彩在三色中皆属于高占比色彩系列。随后对色调分布情况进行分析：三色中包含 light-gray、dark-gray、&bright、clear & strong、uncharacteristic、deep & strong、whitish & pale、dull 色调，light-gray 色调在三色中皆拥有最高占比，该街区也呈现出轻松与舒缓的色彩氛围，但较仁寺洞街而言，该街区建筑色彩搭配方式更加多元化，色彩整体明亮程度更高。

3. 清潭洞街

在调研结束后，作者绘制清潭洞街建筑色彩图谱并对其进行分析，主要对其主要色、辅助色、点缀色三色分布情况进行梳理，如表 3–20～表 3–22 所示，同时对各系列色彩在三色权重占比情况以及三色各自色相色调分布情况进行分析。

表 3–20　清潭洞街建筑色彩主要色分布

主要色				
S 0520-Y30R	S 4500-N	S 0510-Y30R	S 0540-Y30R	S 2010-Y30R
S 6500-N	S 0510-Y20R	S 4550-Y40R	S 6020-Y70R	S 0580-Y20R
S 3060-Y40R				

表 3-21   清潭洞街建筑色彩辅助色分布

辅助色				
S 6502-B	S 0530-Y20R	S 8500-N	S 3005-Y20R	S 0580-Y10R
S 7502-Y	S 0500-N			

表 3-22   清潭洞街建筑色彩点缀色分布

点缀色			
S 3502-Y	S 2570-Y50R	S 0500-N	

清潭洞街建筑色彩主要色、辅助色、点缀色色彩图谱权重占比如图 3-232～图 3-234 所示。

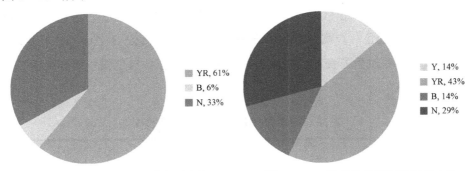

图 3-232   主要色色彩图谱权重占比   图 3-233   辅助色色彩图谱权重占比

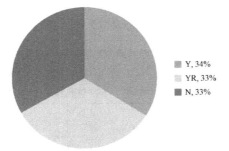

图 3-234   点缀色色彩图谱权重占比

清潭洞街建筑色彩主要色、辅助色、点缀色色相分布如图 3-235～图 3-237 所示。

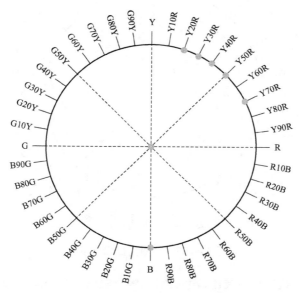

图 3-235　主要色色相分布

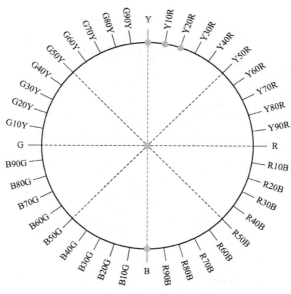

图 3-236　辅助色色相分布

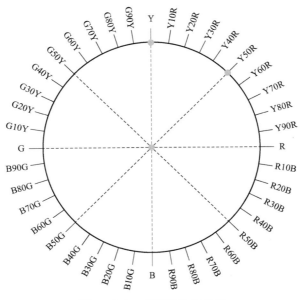

图3-237　点缀色色相分布

清潭洞街建筑色彩主要色、辅助色、点缀色色调分布如图3-238～图3-240所示。

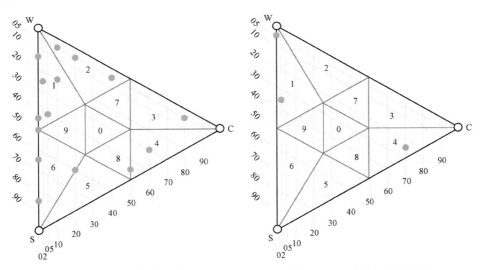

图3-238　主要色色调分布　　　　　图3-239　辅助色色调分布

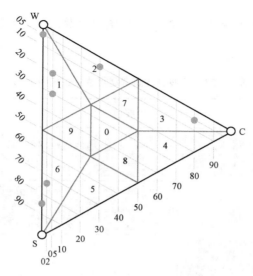

图3-240 点缀色色调分布

对清潭洞街建筑色彩分析结果如下所述。主要色大量采用 Y20R、Y30R、Y40R、Y50R、Y70R、B、N 系列色彩；从色彩分布上看，YR 系列色彩占比最高，其后依次为 N 系列、B 系列。辅助色大量采用 Y、Y10R、Y20R、B、N 系列色彩；从色彩分布上看，还是 YR 系列色彩占比最高，其后依次为 N 系列、Y 系列、B 系列。点缀色大量采用 Y、Y50R、N 系列色彩；从色彩分布上看，依然是 YR 系列色彩占比最高，其次为 Y 系列、N 系列。综上所述，YR 系列色彩在三色中皆属于高占比色彩系列。随后对色调分布情况进行分析：三色中包含 dull、light-gray、dark-gray、deep & strong、whitish & pale、clear & strong 色调，其中 light-gray 色调在三色中皆拥有最高占比，其最终呈现出的色彩氛围依然是轻松与舒缓。但从现场情况看，清潭洞街无论在建筑形态表达效果还是色彩氛围营造层面，明显强于两处传统商业街区，最终使其视觉效果较前两个传统商业街区而言更显温暖与亲切。

4. 新沙洞林荫道

依照上文所述绘制新沙洞林荫道建筑色彩图谱并对其内容进行分析，主要对其主要色、辅助色、点缀色三色分布情况进行梳理，如表 3-23～表 3-25

所示，同时对各系列色彩在三色权重占比情况以及三色各自色相色调分布情况进行分析。

表 3-23　新沙洞林荫道建筑色彩主要色分布

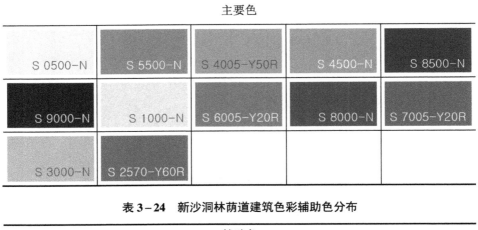

主要色				
S 0500-N	S 5500-N	S 4005-Y50R	S 4500-N	S 8500-N
S 9000-N	S 1000-N	S 6005-Y20R	S 8000-N	S 7005-Y20R
S 3000-N	S 2570-Y60R			

表 3-24　新沙洞林荫道建筑色彩辅助色分布

辅助色				
S 8010-G50Y	S 4502-Y	S 8500-N	S 1000-N	S 0500-N
S 7500-N	S 6020-Y30R			

表 3-25　新沙洞林荫道建筑色彩点缀色分布

点缀色				
S 6020-Y70R	S 7502-Y		S 4020-Y60R	S 8000-N

　　新沙洞林荫道建筑色彩主要色、辅助色、点缀色色彩图谱权重占比如图 3-241～图 3-243 所示。

　　新沙洞林荫道建筑色彩主要色、辅助色、点缀色色相分布如图 3-244～图 3-246 所示。

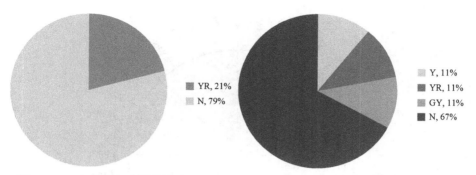

图 3-241　主要色色彩图谱权重占比　　　　图 3-242　辅助色色彩图谱权重占比

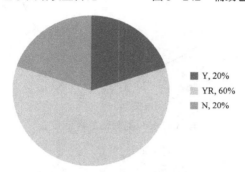

图 3-243　点缀色色彩图谱权重占比

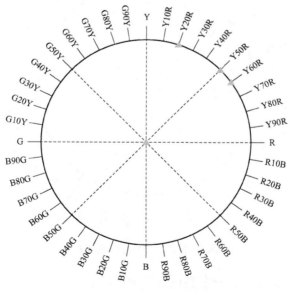

图 3-244　主要色色相分布

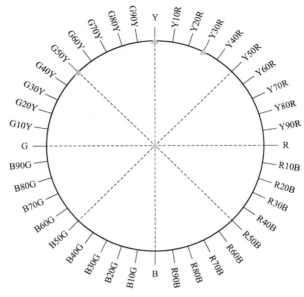

图 3-245　辅助色色相分布

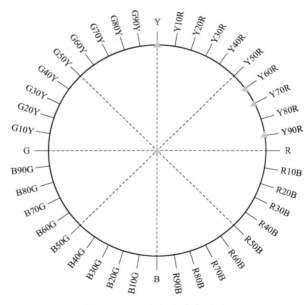

图 3-246　点缀色色相分布

新沙洞林荫道建筑色彩主要色、辅助色、点缀色色调分布如图 3-247～

图 3－249 所示。

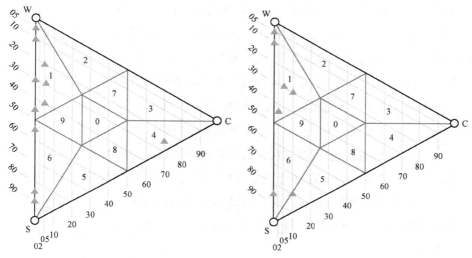

图 3－247　主要色色调分布　　　　　图 3－248　辅助色色调分布

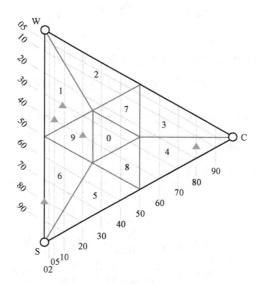

图 3－249　点缀色色调分布

对新沙洞林荫道建筑色彩进行分析结果如下所述。主要色大量采用 Y20R、Y50R、Y60R、N 系列色彩；从色彩分布上看，N 系列色彩占比最高，其后依次为 YR 系列。辅助色大量采用 Y、Y30R、G50Y、N 系列色彩；从色彩分布上看，还是 N 系列色彩占比最高，其后依次为 GY 系列、Y 系列、YR 系列。点缀色大量采用 Y、Y60R、Y70R、Y90R、N 系列色彩；从色彩分布上看，YR 系列色彩占比最高，其后依次为 Y 系列、N 系列。其中 N 系列色彩在三色中皆属于高占比色彩系列，这一情况在之前韩国调研对象中前所未见，属新沙洞林荫道街区所独有。随后对色调分布情况进行分析：三色中包含 light-gray、dark-gray、deep & strong、gray、clear & strong 色调，与其他韩国调研对象一样，依然是 light-gray 色调在三色中皆拥有最高占比，说明其与前期调研中的各商业街区所呈现出的色彩氛围相同，唯一不同之处的是新沙洞林荫道建筑色彩仅使用灰白黑三种颜色作为主色，且该街区色彩在韩国青年人群心中的受欢迎程度丝毫不亚于其他街区，算得上是韩国设计师对商业街区色彩搭配的一次大胆尝试。

3.4 本 章 小 结

本章对中韩两国传统与现代商业街区建筑色彩进行对比分析，比较两者在色彩应用方面的异同，下面将前期所得数据进行汇总梳理，如表 3－26 所示。

表 3－26　中韩两国商业街区建筑色彩分析结果

国别	调研对象	主要色		辅助色		点缀色	
		色相	色调	色相	色调	色相	色调
中国	南锣鼓巷	N（25%） YR（20%） Y（20%） RB（15%） B（10%） BG（10%）	dark-gray（46.2%） light-gray（30.8%） gray（15.3%） deep（7.7%）	YR（26%） R（26%） B（16%） BG（11%） B（6%） GY（5%） N（5%） Y（5%）	dark-gray（38.9%） light-gray（22.2%） deep&strong（16.7%） clear&strong（11.1%） uncharacteristic（5.55%） gray（5.55%）	YR（33%） BG（17%） R（17%） RB（11%） B（11%） GY（6%） Y（5%）	dark-gray（42.9%） deep&strong（28.7%） light-gray（7.1%） clear&strong（7.1%） dull（7.1%） clean&bright（7.1%）

续表

国别	调研对象	主要色		辅助色		点缀色	
		色相	色调	色相	色调	色相	色调
中国	前门大街	N（42%） B（17%） RB（8%） BG（8%） G（8%） Y（8%） YR（5%） R（4%）	dark-gray（52.9%） light-gray（29.4%） deep（17.7%）	YR（33%） BG（28%） R（11%） RB（11%） N（11%） Y（6%）	dark-gray（35.7%） uncharacteristic（14.3%） whitish&pale（14.3%） deep（14.3%） deep&strong（7.2%） clear&strong（7.2%） light-gray（7%）	YR（33%） BG（32%） R（11%） B（11%） RB（5%） GY（5%） G（3%）	dark-gray（38.5%） deep（23%） deep&strong（15.4%） clear&strong（15.4%） uncharacteristic（7.7%）
中国	王府井大街	YR（89%） N（6%） RB（5%）	light-gray（50%） deep&strong（16.7%） gray（8.4%） uncharacteristic（8.3%） whitish&pale（8.3%） clean&bright（8.3%）	N（41%） YR（29%） Y（18%） RB（6%） B（6%）	light-gray（58%） dark-gray（33%） uncharacteristic（9%）	YR（84%） RB（8%） N（8%）	light-gray（50%） dark-gray（20%） Deep（10%） clear&strong（10%） deep&strong（10%）
中国	西单大街	YR（45%） N（33%） BG（11%） Y（11%）	light-gray（70%） dark-gray（20%） whitish&pale（10%）	YR（45%） N（33%） RB（22%）	light-gray（50%） dark-gray（25%） clean&bright（12.5%） clear&strong（12.5%）	YR（50%） N（50%）	light-gray（100%）

续表

国别	调研对象	主要色		辅助色		点缀色	
		色相	色调	色相	色调	色相	色调
韩国	仁寺洞街	YR（52%） Y（14%） N（10%） R（5%） RB（5%） B（5%） GY（5%） BG（4%）	light-gray（50%） dark-gray（27.8%） clean&bright（16.7%） dull（5.5%）	YR（37%） Y（11%） N（16%） RB（11%） BG（11%） B（5%） G（5%） R（4%）	light-gray（61.5%） dark-gray（30.8%） dull（7.7%）	YR（44%） Y（12%） N（11%） RB（11%） B（11%） BG（11%）	light-gray（33.3%） dark-gray（22.2%） dull（22.2%） deep（11.15%） deep&strong（11.15%）
韩国	三清洞街	YR（52%） Y（29%） N（14%） GY（5%）	light-gray（66.7%） dark-gray（20%） clean&bright（6.65%） clear&strong（6.65%）	YR（63%） Y（16%） GY（11%） RB（5%） BG（5%）	light-gray（53.3%） dark-gray（20%） dull（13.3%） whitish&pale（6.7%） deep&strong（6.7%）	YR（33%） GY（25%） R（17%） RB（9%） BG（8%） Y（8%）	light-gray（45.5%） dark-gray（27.3%） clean&strong（9.1%） deep&strong（9.1%） uncharacteristic（9%）
韩国	清潭洞街	YR（61%） N（33%） B（6%）	light-gray（37.5%） dark-gray（18.75%） deep&strong（12.5%） dull（6.25%） whitish&pale（18.7%） clear&strong（6.3%）	YR（43%） N（29%） Y（14%） B（14%）	light-gray（42.8%） dark-gray（28.6%） whitish&pale（14.3%） deep&strong（14.3%）	Y（34%）N（33%） YR（33%）	light-gray（67%） deep&strong（33%）
韩国	新沙洞林荫道	N（79%） YR（21%）	light-gray（64%） dark-gray（27.3%） deep&strong（8.7%）	N（67%） Y（11%） YR（11%） GY（11%）	light-gray（71%） dark-gray（29%）	YR（60%） Y（20%） N（20%）	light-gray（60%） dark-gray（20%） gray（20%）

从中韩两国传统商业街区建筑色彩色相分布情况看，主要色层面南锣鼓巷和前门大街均是 N 系列色彩所占比重最高，仁寺洞街与三清洞街 YR 系列色彩所占比重最高。辅助色层面两国皆是 YR 系列色彩所占比重最高。点缀色层面两国也皆是 YR 系列色彩所占比重最高，由此可见中韩两国传统商业街区在除主要色外的辅助色与点缀色层面，其色彩色相分布情况存在相似之处。

　　从中韩两国现代商业街区建筑色彩色相分布情况看，主要色层面王府井大街、西单大街与清潭洞街三者 YR 系列色彩所占比重最高，新沙洞林荫道为 N 系列色彩占比最高。辅助色层面则是西单大街与清潭洞街 YR 系列色彩所占比重最高，而王府井大街与新沙洞林荫道则是 N 系列色彩占比最高。点缀色层面则是两国商业街区皆是 YR 系列色彩所占比重最高。

　　综上所述，两国传统商业街区色相分布差异性体现在主要色层面，分歧点集中于 YR 与 N 系列色彩占比上，其中中国商业街区 N 系列色彩所占比重最高，而韩国商业街区 YR 系列色彩所占比重最高，其余两色即辅助色与点缀色色相分布情况完全一致、毫无差异，皆为 YR 系列色彩所占比重最高。而两国现代商业街区色相分布情况完全一致，主要色、辅助色、点缀色皆为 YR 系列色彩所占比重最高。

　　对两国传统商业街区建筑色调分析后发现，两国色调分布存在明显差异，中国传统商业街区建筑主要色、辅助色、点缀色均以 dark-gray 作为主色调，而韩国传统商业街区建筑主要色、辅助色、点缀色均以 light-gray 作为主色调，造成两者间存在重大差异的原因是由于建筑材料处理方式不同，从而引起建筑材料表面色彩属性发生改变，最终建筑色调发生改变。韩国传统商业街区建筑建材以木材与石材为主，但在房屋搭建过程中使用 YR 系列色彩对其建材表面进行装饰处理，改变了建材表面原有色彩属性，最终视觉上呈现出一种温馨舒适的色彩氛围。而中国传统商业街区建筑建材则以老北京传统民居中常见的青砖为主，在房屋搭建过程中并未对建材进行二次处理，而是直接用于建造过程之中，最大限度保留了材质原有色彩属性，因该材质原色彩属性为 N 系列无彩色冷色调，所以建筑呈现出一种冷峻严肃的色彩氛围。以上原因造就两国传统商业街区建筑呈现出截然相反的色调模式。

　　对中韩两国现代商业街区建筑色调分析后发现，与传统商业街区建筑色调分布情况完全不同，两国商业街区建筑主要色、辅助色、点缀色均以 light-gray 作为主色调，出现这一情况的主要原因还是由建筑建材造成的。两国现代商业街区均使用轻钢、玻璃作为主要建材，并配以 YR 系列色彩对其表面进行装饰与处理，最终营造出一种温暖舒适的色彩氛围。在两国 2000 年前后修建完成的王府井大街与清潭洞街建筑中这一现象表现得尤为明显，说明两国在 21 世纪初对现代商业街区建筑色彩设计理念存在相似之处。但同时发现稍晚时间修建完成的西单大街与新沙洞林荫道，虽均采用轻钢与玻璃作为主要建材，但整体建筑色彩氛围却完全不同，尤其新沙洞林荫道主要使用灰白黑三色为主色实施色彩搭配设计，呈现给世人一种全新的视觉体验。从以上事实可以看出，两国在现代商业街区色彩设计理念上存在相似之处，且两国设计师立足本国自身商业街区建筑色彩现状，大胆革新提出了若干适于本国商业街区建筑形式的色彩搭配方案，并收获了一定的社会影响力。

第4章　中韩商业街区建筑色差分析

4.1　传统商业街区建筑色差分析

　　第 3 章主要分析了中韩两国商业街区建筑色彩构成情况及二者之间的关联性。本章在前文基础上,对商业街区建筑色彩使用统一性开展分析研究,为实现这一目标,作者在本章特意引入第 2 章所提到的"色差"概念,再次对中韩两国商业街区建筑色彩进行梳理与分析。本章依然沿用先传统后现代、先中国后韩国的顺序,实现对两国商业街区建筑色彩的分析。接下来作者将先对中国传统商业街区建筑色彩进行分析与梳理。

　　通过现场调查完成对中国传统商业街区南锣鼓巷与前门大街建筑色彩基础数据的记录与收集工作,应用 CIELAB 色差公式对南锣鼓巷与前门大街沿街建筑色差值进行求解,具体操作流程为首先通过对相邻两座建筑色彩差值进行求解,以此确立相邻两建筑间的色差,以此类推并将求解所得的色差结果进行汇总,最终将所有街区建筑色差值进行归一化处理,所得最终数据即为该街区最终色差均值。在实际操作中,受现场客观条件如街区长度、建筑分散度等影响,无法一次性将所有相邻建筑色差进行有效求解。针对以上现实困境,作者所采取的方法为将整条街区建筑划为彼此相连的若干个片区,先完成单一片区色差测量与求解工作并配以数据分布图线,以点带面最终实现对全部街区建筑色差的求解以及色差变化图线的绘制。作者刻意选取色差均值与色差变化图线两个要素进行说明,主要出于以下两个方面的考虑:其一色差均值可对该区域内色差变化的基本情况进行说明,并让人对该区域内色差数值变化范围形成一个初步认知；其二色差变化图线则可让人更为直观地了解整条街区建筑色差变化趋势。两者之间互为补充关系，共同成为判断街区色差分布情况的重要依据。

  在确定分析与评价标准后，作者随即对南锣鼓巷与前门大街建筑色差进行测量与求解。前文已将南锣鼓巷与前门大街分别划分为二十一个与二十五个片区，下一步分别对各片区色差值进行求解并根据其结果绘制色差变化图线，最终对各片区色差值进行汇总与归一化处理，求解两街区建筑色差均值，如图4-1、图4-2所示。

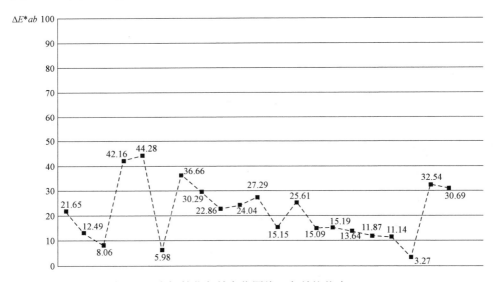

图4-1 南锣鼓巷色差变化图线（色差均值为24.12）

  对南锣鼓巷整条街区色差求解结果如图4-1所示，接下来将从色差均值和色差变化图线两个方面对结果进行分析说明。首先将色差均值作为切入点，从最终结果上看该街区色差均值为24.12，属低色差范畴，最大值与最小值分别为44.28与3.27。其余片区色差值均在24.12上下波动，色差数值变化范围趋于稳定，部分色差值变化范围趋近1。通过以上数据分析可知，相邻两片区间色差变化差异性小，据此推断整条街区建筑色彩设计过程中遵循相同设计原则且使用同一系列色彩才会出现以上分析结果。接下来从色差变化图线角度进行说明，从图线变化趋势上看，整条图线仅开头与结尾处出现一定波动，从

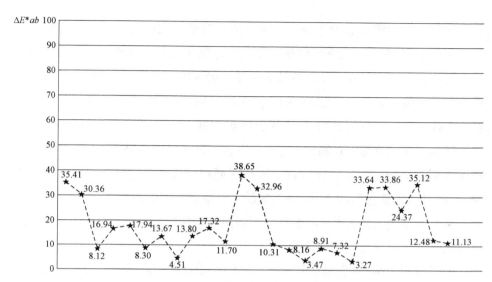

图 4-2　前门大街色差变化图线（色差均值为 17.66）

而影响到色差变化图线总体走势，其他区域较为舒缓平稳均未引起图线整体走势变化。从现场调研情况上看，也验证了这一客观事实。主要因设计师对建材表面进行了微小调整，从而引发前后两处色差变化图线发生轻微变化，但其配色原则与使用色彩系列并未发生根本性变化。

根据日本色彩专家吉田慎悟在《环境色彩规划》[①]一书中观点，ΔE 色差数值大小与街道色彩统一性直接相关，ΔE 数值越小说明该街区色彩变化差异性小，建筑色彩整体统一程度高。据此可知，南锣鼓巷建筑色彩在统一性层面占据优势。出现这一情况的原因也是显而易见的，该街区位于北京历史文化保护区核心地段，其建筑配色方案全部参考北京当地传统民居建筑，且不因其商业街区定位而破坏整个区域色彩的统一性，这种充分尊重当地历史文化风貌的做法，应该在未来商业街区建筑色彩设计实践中进行大面积普及与推广，这样既可对当地特色历史文脉实施保护与传承，又可将其打造成为特色亮点带动当地旅游、餐饮、服务等产业发展，增加居民收入，拉动区域经济，最终实现双赢。

---

① 吉田慎悟. 环境色彩规划 [M]. 胡连荣，申畅，郭勇，译. 北京：中国建筑工业出版社，2011：75-80.

在完成对南锣鼓巷的色差分析说明后，对前门大街色差情况进行分析说明，如图 4-2 所示，从色差均值与色差变化图线两个方面进行。首先，依然以色差均值作为切入点，从最终结果上看该街区色差均值为 17.66，属低色差范畴。最大值与最小值分别为 38.65 与 3.27。相较南锣鼓巷而言该街区色差值更小，除个别色差值超过 30 外，其余均处于 20 以下。从色差数值变化上看，该街区色差变化范围更加稳定，在中间段也出现了色差值略微波动的情况。由此可以断定该街区色彩设计过程中依然遵循相同设计原则且使用同一系列色彩。同时从色差变化图线上看，整条图线中除中间处因色差数值变化发生起伏，影响到总体图线走势之外，其余部分均未掀起任何波澜，色差变化图线整体走势较上一街区而言更加舒缓平稳。

同样参考"ΔE 数值越小其街区色彩统一性越高"原则，前门大街建筑色彩在统一性方面较南锣鼓巷更胜一筹。从现场效果上看，南锣鼓巷还出现过因建筑材质变化而引起的色差变化现象，在前门大街建筑色彩中完全没有出现。虽然前门大街修建时间略晚于南锣鼓巷，但该街区同样位于北京历史文化保护区核心地段，且该街区自身定位更高，以将自身打造成"中华第一传统历史文化步行街区"[①]为终极目标。在该设计理念指导下，街区在建筑造型与建筑色彩搭配方面，传承传统建筑相关设计原则，对区域内原有建筑进行色彩与形态保护性修复，新建建筑则严格遵循传统民居设计样式与配色方案，谢绝一切现代元素对其造成的影响，最大限度实现对中国传统建筑风格的复原与传承。如果说南锣鼓巷是通过对材质进行微调的方式，实现对传统建筑的再利用使其重新焕发生机，那么前门大街就是向世人展示原汁原味的中国传统建筑，使其体会中国传统建筑独有的美学特性，其自身形态与色彩都体现了中国传统建筑的统一与和谐之美。

在对中国传统商业街区色差求解分析后，对韩国传统商业街区仁寺洞街与三清洞街建筑色差进行求解分析。前文已将仁寺洞街与三清洞街依次划分成二十四个片区和二十一个片区，下面逐个对各片区色差值进行求解并绘制色差变

---

① 韩炳越，崔杰，赵之枫. 盛世天街：北京前门大街环境规划设计 [J]. 中国园林，2006，22（4）：17-23.

化图线，最终得到韩国传统商业街区色差均值与色差变化图线分布情况，如图 4-3、图 4-4 所示。

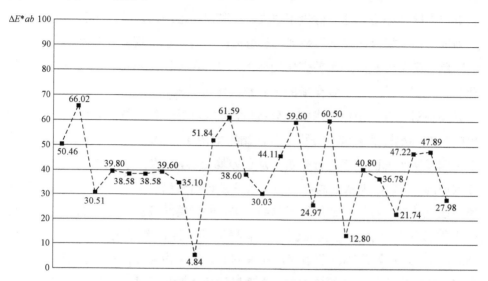

图 4-3　仁寺洞街色差变化图线（色差均值为 39.12）

对韩国传统商业街区色差情况的分析，所用方法与中国街区一致，率先分析对象为仁寺洞街，结果如图 4-3 所示，依然从色差均值与色差变化图线两个方面入手开展相关研究。从色差均值层面出发，该街区色差均值为 39.12，最大值与最小值分别为 66.02 与 4.84。从数值上看，该街区色差值明显高于中国两条街区的色差值，甚至达到所述中国街区色差值的两倍，表明仁寺洞街区色差属于高色差范畴。通过进一步观察可知，绝大多数片区色差值均超过 30，这一情况与中国传统商业街区色差分布情况截然相反，如此之高的色差值表明相邻两个片区建筑色彩存在巨大差异，表现在视觉层面上即两个片区建筑色彩所呈现出的视觉效果截然相反。从色差变化图线上看，整条图线除中间一小段区域图线总体平稳舒缓外，其余区域均出现剧烈波动，整条图线走向犹如海浪一般波涛汹涌、上下起伏，这与中国传统商业街区色差变化图线所表现出的平静沉稳效果形成鲜明对比。

根据"ΔE 数值越小其街区色彩统一越高"原则，可知仁寺洞街在色彩统一性方面无法与中国传统商业街区相提并论，现场调研过程也验证了这一点。虽街区中存在少量造型奇特的建筑，但多数建筑形态保持一致，说明由建筑形态引起街区色差变化这一假设不成立，归根到底还是因为设计团队在街区色彩规划过程中，刻意选取不同系列色彩组成配色方案已实现其视觉冲击力，而此种配色方案最终反映到色差变化图线上，引起色差图线总体走势波澜起伏。此种色彩处理手法也是一种全新的色彩氛围营造模式。

实现对仁寺洞街色差求解与分析后，继续对另一条传统商业街区三清洞街色差分布情况开展求解与分析工作，结果如图 4-4 所示，从色差均值与色差变化图线两个方面着手进行分析。从色差均值看，其数值为 36.66，虽小于仁寺洞街的 39.12，但依然高出中国街区色差数值两倍之多，与仁寺洞街一致同属高色差范畴。对相关结果进行总结可知，韩国传统商业街区色差均值明显高于中国传统商业街区色差均值。三清洞街各片区色差数值中竟然罕见出现 85.80 与 89.00 两组高分色差值，作者判断该街区内存在两种完全相反的配色方案，才能出现如此高的色差值，在现场调研中验证了作者的判断。接下来从色差变化图线角度分析，整条图线亦如海浪一般上下翻滚，且与仁寺洞街相比起伏程度明显增大。

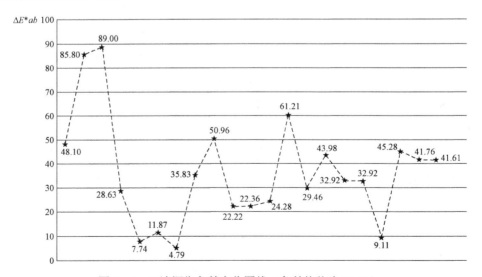

图 4-4　三清洞街色差变化图线（色差均值为 36.66）

根据"ΔE 数值越小其街区色彩统一性越高"原则,可知三清洞街建筑色彩在统一性方面与仁寺洞街一样都无法与中国传统商业街区色彩相提并论,在色彩统一性方面中国传统商业街区明显优于韩国传统商业街区,这一观点在第3章中韩商业街区色彩构成分析中已有所涉及,本章的分析更加验证了这一结果。作者认为三清洞街色彩设计是在仁寺洞街建筑色彩基础上,连续使用多种不同系列色彩进行色彩搭配,以此消除相同色系大量使用所带来的同质化效果,从而获得更具震撼性的视觉表达效果。

4.2 现代商业街区建筑色差分析

在实现对中韩两国传统商业街区色差分析后,作者发现中韩双方在传统商业街区色彩设计理念上存在不小差异,将在本章研究结论中进行系统说明。下面在前期研究分析的基础上,继续对中韩两国现代商业街区色差分布情况进行求解与分析。借鉴前期研究中使用的分析方法,依然围绕色差均值与色差变化图线对中韩双方现代商业街区色差展开分析,研究顺序为先对中国调研对象色差进行求解分析,再对韩国调研对象进行求解分析。

前文已分别将王府井大街与西单大街划分为十九个与二十五个片区,下一步分别对各片区色差值进行求解并根据结果绘制色差变化图线,最终对各片区色差值进行归一化处理,求解两街区建筑色差均值,如图 4-5、图 4-6 所示。

首先对色差均值进行求解与分析,从数值上看为 29.22,虽比中国传统商业街区色差均值略高,但依然未曾超过 30 这一上线,仍属于低色差范畴,其片区色差最大值与最小值分别 48.78 与 7.99。尤其是最大值与传统街区南锣鼓巷的最高值 44.28 相差无几,说明整体街区各片区色差分布情况与南锣鼓巷情况相似,相邻片区间建筑色彩差异性小,均使用同一系列色彩进行设计,这一现象也在现场调研中得到了验证。如图 4-5 所示,从色差变化图线上看,较传统商业街区而言,其图线变化幅度明显增大,出现若干次较大起伏,说明设计团队在不同片区设计中尝试使用不同色彩搭配方案,以此获得更多的视觉体验。

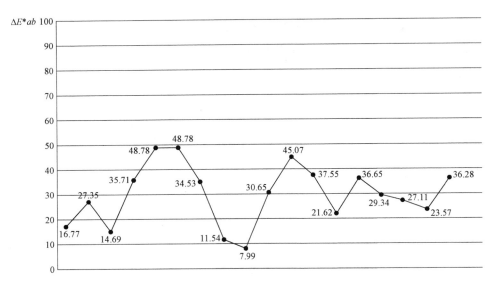

图 4-5　王府井大街色差变化图线（色差均值为 29.22）

依据 "ΔE 数值越小其街区色彩统一性越高" 原则，显然王府井大街作为北京乃至中国现代商业街区的代表，依然保持街区色彩视觉上的统一性，其色彩设计理念也与传统商业街区保持一致。在现场调研中，作者发现，王府井大街整体建筑设计风格以仿中式建筑为主，在细节上存在不少传统设计元素，色彩搭配方面主要围绕红色与黄色两种有彩色展开，取代传统商业街区普遍使用的无彩色，在视觉上既继承了中国传统商业街区一直沿用的 "低色差" 设计理念，又在不影响街区色彩统一性的大前提下，在不同片区内尝试探索新的色彩搭配方案，带给世人一种全新的视觉体验，此行为本身就是对民族传统文化的传承与发扬。

梳理完王府井大街色差之后，将注意力转移至西单大街，对其色差情况进行求解与分析，如图 4-6 所示，从数据角度上看西单大街色差均值为 22.46，其片区色差最大值与最小值分别为 73.05 与 5.21。西单大街色差均值在本书所选取的中国四条商业街区中，按照数值从小到大的顺序暂居第二位，其数值仅略高于色差均值最小的前门大街。且该街区各片区色差分布情况与王府井大街相似，除偶然出现 73.05 这一高色差值外，其余各片区色差数值稳定分布于 20

至 30 之间，较之前中国三个商业街区各片区色彩运用协调性更胜一筹，该街区与其他中国街区一样同属低色差范畴。从色差变化图线上看，作者认为西单大街各片区色差变化是所选取中国商业街区中变化幅度最小的一个街区，除了73.05 这一罕见高色差值，直接造成结尾处图线发生明显高低起伏，图线上其余部分色差变化幅度均处于一个相对稳定的状态。

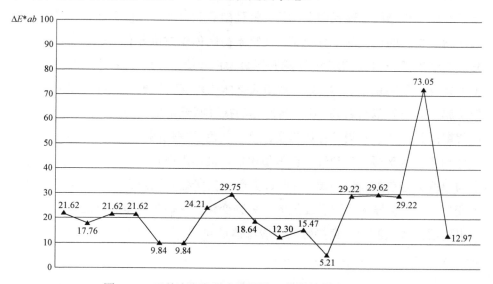

图 4-6　西单大街色差变化图线（色差均值为 22.46）

依据"ΔE 数值越小其街区色彩统一性越高"原则，可知西单大街建筑色彩设计领域依旧秉承着注重街区色彩视觉稳定性与统一性的设计原则。通过现场调研也发现，该街区建筑设计风格明显区别其他几处中国商业街区，其建筑风格更彰显国际性，建筑运用时下常见的玻璃与轻钢作为首选材料，街区整体建筑造型在中国四个商业街区中最具国际化与现代性，其自身定位就是打造中国新一代商业街区。虽修建年代明显晚于其他三个商业街区，但在色彩设计过程中设计团队坚持与其他商业街街区相一致的色彩搭配原则，注重街区色彩效果的统一性，营造出一个稳定舒适的视觉环境。对于色彩统一性的诉求，也体现了中国传统建筑中"天人合一，和谐共生"的设计理念，由此可见参与该街区色彩设计团队深受中国传统文化影响，该街区与其他三个街区一起组成了北

117

京当地特色旅游景点，也是中国最为著名的地标建筑群落。

接下来对韩国现代商业街区色差进行求解与分析。首先对清潭洞街色差进行求解与分析，结果如图4–7所示。从数据层面上看清潭洞街色差均值为40.28，片区色差最大值与最小值分别为74.9与3.74。从这一结果上看，韩国现代商业街区色差值依然高于中国现代商业街区色差值，这种现象从传统商业街区开始一直延续至现代商业街区。就韩国商业街区自身情况而言，其传统与现代商业街区的色差值不分上下。从整条街区色差数值分布情况上看，前半部分色差值均低于40，随后一路飙升至最大色差值74.9，其后色差值经历多次上下反复，最终止步于46.83。从街区整体色差值变化规律上看，该街区色差依然属于高色差范畴之列。这一情况也间接说明无论是韩国传统商业街区还是现代街区其整体色彩设计原则未曾改变。从色差变化图线上看，前半部分图线总体趋势较为平缓，直到最大色差值出现，接连出现几次大的波动，且波动频率与幅度远超前期调研对象，说明最大色差值所处区域内建筑色彩风格发生重大变化，才直接导致了随后发生的一系列变化，反映在色差变化图上则是图线共出现四次较大波动，直接影响图线总体走向。

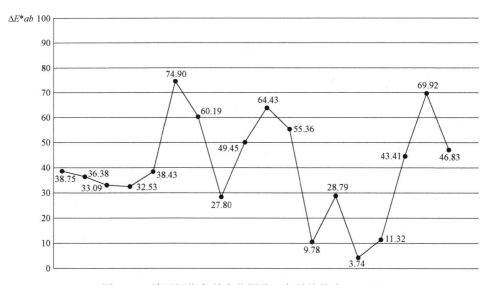

图4–7　清潭洞街色差变化图线（色差均值为40.28）

根据"ΔE 数值越小其街区色彩统一性越高"原则，清潭洞街与韩国传统商业街区一样在色彩统一性方面明显弱于中国商业街区。现场观察调研也再次明确这一结果，在第 3 章对清潭洞街建筑背景的介绍中也提到该街区属于韩国现代商业街区典型案例。该街区建筑造型方面不同于韩国传统商业街区，该区造型以大胆前卫著称，其中不乏国际知名设计师作品，因作品设计风格不同导致各片区建筑材料与色彩使用存在巨大差异，从而该街区色差数值与色差变化图线存在上文所述的相关问题，作者认为此种情况的出现属于情理之中。

　　接着对新沙洞林荫道开展色差求解与分析工作，并对所得结果的背后成因作深入分析。作者依然从色差均值与色差变化图线两个方面入手开展相关工作。从所得数据上看，新沙洞林荫道色差均值为 37.10，其片区色差最大值与最小值分别为 80.00 与 7.77。该街区色差均值较其他街区虽略有下降，但将其置于中韩商业街区色差数据大背景下，其数值依然属于高色差范畴之列。完成此街区色差均值求解后，基本明确韩国无论传统与现代商业街区，均以高色差作为街区建筑色彩设计的指导方针。从色差变化图线上看，除少数区域内未发生色差值变化之外，其余区域均出现明显波动，其波动范围之广、频率之高在

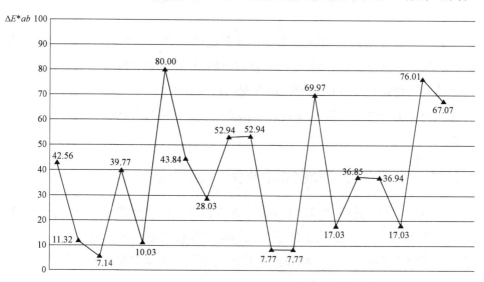

图 4-8　新沙洞林荫道色差变化图线（色差均值为 37.10）

119

中韩两国所有调研街区中实属罕见。现场调研观察也验证了这一结果，虽街区总体色彩色相属于 N 系列无彩色，实则由同一系列下的不同色彩组成，且除少数片区各建筑单体色彩可实现统一外，其余大部分片区单体建筑色彩均各不相同，最终造成各片区色差数值变化范围如此之大。

根据"ΔE 数值越小其街区色彩统一越高"原则，同韩国其他商业街区一样，新沙洞林荫道也未在色彩统一性方面超越中国商业街区。作为新一代韩国商业街区的代表，新沙洞林荫道建筑色彩所表现出的特性，反映了韩国现阶段商业街区建筑色彩设计的理念。即韩国当地设计团队在保证高色差原则不变的前提下，一直致力于将其他国家成熟配色方案应用于当地实践之中，并在此过程中与当地本土文化相融合，最终发展为具有韩国特色的建筑配色方案，后期将相关配色方案用于韩国当地设计实践之中，扩大其社会影响力。清潭洞街与新沙洞林荫道配色方案皆体现了这一理念，在色彩设计风格上既包含韩国自身设计文化元素又充斥众多异国文化元素。

4.3　传统与现代商业街区色差对比分析

上一阶段主要对中韩两国商业街区各调研对象建筑色差均值进行求解与分析，基本上摸清了中韩两国传统与现代商业街区建筑色差分布情况，接下来把中韩两国传统与现代商业街区色差变化图线置于同一坐标系内，对两国传统与现代商业街区建筑色彩演变规律加以分析，尝试将此变化规律进行合理复盘与推演。

4.3.1　中国传统与现代商业街区色差分析

将南锣鼓巷、前门大街、王府井大街与西单大街四个街区色差变化图线置于同一坐标系内，如图 4-9 所示，因调研对象在修建时间、设计理念、色彩搭配风格等方面各不相同，此番操作目的是对四个调研对象色差变化情况进行更深层次分析，总结变化规律。

四个调研对象中除西单大街色差中出现 73.05 这一最高色差之外，其余三个调研对象色差值上限均未超过 50，最小色差值则出现在南锣鼓巷与前门大街，两个街区之中最小值均为 3.27。四个调研对象除西单大街因最大色差值，导致其色差变化图线出现巨大波动外，其他各调研对象图线变化幅度均处于一个相对稳定的状态，并未出现大幅度波动。无论是采用中国传统风格的南锣鼓巷与前门大街，还是采用现代设计风格的王府井大街与西单大街，均坚持以低色差作为其核心理念进行建筑色彩设计实践。

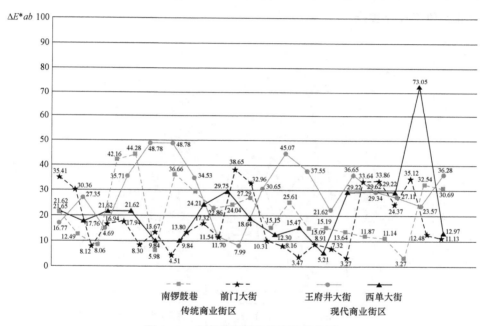

图 4-9　中国各街区色差变化趋势图

4.3.2　韩国传统与现代商业街区色差分析

将韩国调研对象仁寺洞街、三清洞街、清潭洞街与新沙洞林荫道四街区色差变化图线置于同一坐标系内，如图 4-10 所示，各调研对象在修建时间、设计理念、建筑风格等方面均不相同，此举可对四个调研对象色彩设计风格进行更深层研究并总结其发展变化规律。

四个调研对象中两个均出现了超过 80 的高色差值，其中三清洞街与新沙

121

洞林荫道出现了如 85.80、89.00、80.00 的高色差值。所有调研对象中最小色差值出现在新沙洞林荫道，其值为 3.28，这一数值与南锣鼓巷和前门大街最小色差值 3.27 相似。从色差变化幅度来看，韩国街区色差变化图线始终处于大幅度波动状态，从未出现过如中国商业街区色差变化所表现出的稳定变化模式，在现场调研阶段也对这一结果进行了验证。说明无论韩国商业街区建筑设计风格如何变化，其色彩设计原则始终未曾改变，即以高色差作为核心理念进行建筑色彩设计实践。

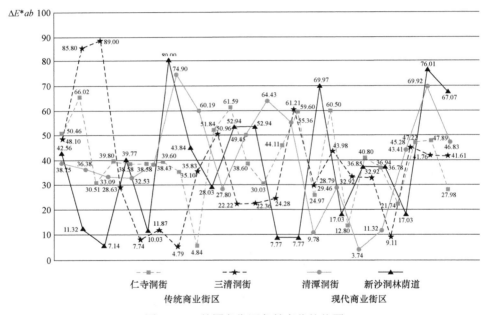

图 4-10　韩国各街区色差变化趋势图

4.4　本 章 小 结

本章围绕色差概念持续对中韩两国商业街区色彩分布情况进行深入了解，通过计算各商业街区色差均值，掌握现阶段中韩两国商业街区色彩设计基本原则。

通过对中韩两国传统与现代商业街区色彩均值进行求解与比较后发现，韩国传统与现代商业街区色差均值普遍高于中国商业街区，数值上达到中国商业街区色差均值的两倍之多，可见韩国传统与现代商业街区均处于高色差范畴之列，而中国传统与现代商业街区均处于低色差范畴之列。

　　虽然中国传统与现代商业街区在建筑设计理念上存在巨大差异，但在建筑色彩方面所倡导的设计原则始未曾改变，即坚持以低色差作为核心设计理念，街区建筑色彩均采用同一系列色彩，使总体视觉效果保持一致，营造一种平和沉稳的视觉环境。

　　韩国商业街区建筑色彩设计原则与中国不同，始终坚持以高色差作为核心设计理念，时刻突出一个"变"字，以跳跃式色彩表现形式保持整条街区的视觉冲击力，最终所营造的视觉效果也与中国商业街区平稳统一的视觉效果相反，始终将"灵活、多变、跳动"作为其色彩设计的第一要务。

第5章 中韩商业街区建筑色彩效果评价

5.1 建筑配色方案评价分析

本章以前期结果为基础对中韩两国青年人群进行色彩效果评价，确定两国青年人群对建筑色彩的喜好程度，为未来中韩两国城市色彩设计实践提供前期参考依据。

5.1.1 评价方法说明

根据研究实际需要，本阶段须完成对中韩两国青年色彩搭配喜好度评价与分析，作者主要借鉴感性评价方法开展相关研究，需要先完成对前期感性评价试验用形容词的收集整理工作。因韩国在此方面的相关研究开展时间早、研究覆盖面广且取得了一定成果，所以在本次形容词收集过程中主要以韩国相关文献作为参考依据，同时考虑到中韩两国在形容词语义表达方面可能存在差异，故而作者在完成相关词汇初期收集与整理工作后，邀请国内感性工学方面研究专家学者对相关词汇进行二次评估，最终确立感性评价用相关词汇，以保证研究的准确性与严谨性。

作者对韩国前期参考文献选取依据为研究主题必须围绕建筑色彩或街道色彩展开且必须通过感性评价方式进行相关研究。基于以上原则，作者对相关文献按照时间顺序进行了必要的收集与整理，具体如表 5-1 所示。

表 5-1　前期参考文献形容词收集结果

作者	发表年度	论文题目	形容词收集结果
PARK Sung Jin, LEE Cheong Woong, YOO Chang Geun	2005	A study on Influence of Exterior color for Buildings on Formation of Streetscape image-Case Study of Gumnam Road，Gwangju	整理－不整理，精英－混杂，美丽－丑陋，和谐－不协调，稳定－不安，有趣－无聊，明亮－黑暗，温暖－冰冷，生动－无聊，亲切－尴尬
PARK Sung Jin, YOO Chang Geun, LEE Cheong Woong	2007	A Study on Establishing Color Ranges of Facade on Urban Central Street-Focusing on Buildings of Central Aesthetic District in Gwangju	肮脏－干净，焦躁－沉着，丑陋－美丽，黑暗－明亮，生气－高兴，复杂－单纯，没有变化－有变化，无趣－有趣，坚硬－柔软，人工－自然，冰冷－温暖，不规则－规则，脆弱－强烈，古典－现代，典型－个性，旧－新，不稳定－稳定，无序－有秩序，不协调－和谐，没有品位－有品位，不连续－连续
LEE Jin Sook, KIM Hyo Jeong	2010	Analysis and Evaluation of Current Color in Symbolic Streets of a City	和谐，充满活力，有个性，现代，整齐，都市，明亮，动态，干练，有趣，自由，多样，有变化，有理智，有秩序，干净，华丽
YOO Chang Geun, LEE Hyang Mi	2011	A Study on the Color Image Evaluation of Buildings on Urban Street	昏暗－明亮，邋遢－干净，阴沉－清爽，坚硬－柔软，不稳定－稳定，不协调的－协调的，旧的－新的，令人厌倦的－有趣的，静态的－动态的，模糊的－清晰的，单调的－有变化的，朴素－华丽，幽静－复杂，丑陋－美丽，无序－连续，混乱－整理，不规则－规则，弱－强，平凡－独特，古典－现代，轻快－沉稳

中韩商业街区建筑色彩分析研究

续表

作者	发表年度	论文题目	形容词收集结果
LEE Jin Sook, KIM Ji Hye	2011	A Study of Vocabulary Structure by Image Evaluation of Streetscape	自然-人工，古色古香-现代，舒适-紧张，柔软-坚硬，悠闲-不悠闲，平静-不平静，自然-尴尬，亲切-不亲切，活力-停滞，轻快-稳重，丰富-贫乏，立体-平面，清爽-暗沉，有变化感-没有变化感，自由-郁闷，开放-压迫性，高级-低级，干净-肮脏，美丽-丑陋，舒适-不愉快，有规律-无规律，连续-不连续，有统一感-没有统一感，整齐-乱糟糟，有稳定感-没有稳定感，和谐-不和谐
LEE Jin Sook, HONG Long Yi	2012	A Study on the Characteristics of the Color Evaluation of 2-D & 3-D Simulated Streetscape	充满活力-静态，安静-散漫，清澈-浑浊，华丽-朴素，复杂-单调，温暖-冷漠，干净-肮脏，新颖-陈腐，连续-断裂，舒适-不安，自然-人工，有活力-沉闷，厚重-轻盈，都市-乡村
HUO Qing quan, KIM Dong Chan	2014	A Study on the Image Characteristics of Visual Perception in Beijing street landscape of the traditional folk houses-With a Comparison of Consciousness between Korean and Chinese	朴素-华丽，丑陋-美丽，人工-自然，不愉快-舒适，杂乱-清洁，全新-古老，陌生-亲切，现代-传统，吵闹-安静，杂乱-整齐，停滞-活力，沉闷-清爽，狭窄-宽敞，静态-动态，封闭-开放，不稳定-稳定，单调-多样，坚硬-柔软，冷漠-有感情，无聊-有趣，讨厌-喜欢
CHEN Lu	2018	The color image analysis on architecture of street scenery in commercial area of Korea and China	朴素-华丽，丑陋-美丽，人工-自然，不愉快-舒适，杂乱-清洁，全新-古老，陌生-亲切，现代-传统，吵闹-安静，杂乱-整齐，停滞-活力，沉闷-清爽

首先，从表 5-1 所显示的相关信息可知，作者对 2005 年至 2018 年的八篇代表性文章进行形容词收集与梳理工作，而这 13 年恰恰是韩国相关研究最为活跃的阶段，相关论文所使用的形容词与研究方法都十分具有代表性。通过前期收集与梳理工作，共收集到相关单词二百余个。其次，作者依据感性工学理论分别从感知层面、认知层面、情感层面出发，对前期收集词汇进行二次筛选，将相关词汇进行归纳整合至七十二个。最后，作者邀请相关领域专家对已完成初筛的七十二个词汇进行进一步筛选，最终剩余词汇数量为二十个，符合开展研究所需的词汇数目要求，结合第 2 章中提到的利克特五点法相关理论完成色彩评价调查问卷制作工作，最终形成色彩感性评价试验调查问卷。从表 5-2 中可知，目前主要通过形容词评价打分的形式开展相关研究，打分标准分为五个等级，其中 5 代表最高评价，5 以下依次递减分别为 4，3，2，1。后期通过对问卷结果的收集梳理并结合统计学软件实现对评价结果的量化分析，并以此实现对中韩两国青年人群建筑色彩喜好趋势的判断。

表 5-2　最终选取的评价词汇及评价尺度

最终评价词汇	变化性	成熟性	欢快性	温暖性	明亮性
	活力性	独特性	现代性	柔软性	连续性
	和谐性	高级性	统一性	整齐性	舒适性
	自然性	华丽性	稳定性	传统性	

评价尺度	优秀　　　　　　　　　　　　　　　　　　　　差
	5　　　　4　　　　3　　　　2　　　　1

　　完成前期相关准备工作后，接下来则开始在中韩两国青年之间开展建筑色彩效果评价试验，如何能够做到对真实街区色彩环境予以还原是本书开展的重点与难点。作者采用的方法是利用计算机投影技术，借助相关仪器将评价对象

投射到据地高度为 1.7 m，宽为 2 m 的屏幕之上，观察者距屏幕直线距离为 1.7 m，且保证各评价对象在屏幕上出现时间均不少于 1 分钟，此场景与日常生活中观察建筑场景基本一致，可以最大限度地复原与模拟真实场景，保证研究结果的准确性与真实性，如图 5-1 所示。

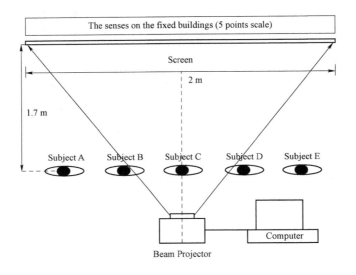

图 5-1 观察者观察方式

5.1.2 评价样本选取

本阶段研究目标为摸清中韩两国青年人群对于商业街区建筑色彩搭配方式的偏好程度，重点应集中于前期各调研街区整体建筑色彩搭配方式，绝非某个建筑单体色彩搭配方式。作者以前期调研数据为依托，去除材质、造型等因素影响，将关注点完全集中于建筑色彩层面，从各街区建筑中提取主要配色方案，将其制作成八组评价样本，供对中韩两国青年群体开展相关研究时使用，其中八组评价样本依次如表 5-3、表 5-4 所示。

表5-3　中国建筑色彩配色方案评价样本

街区类型	构成	中国商业街区建筑配色方案			
中国传统商业街区	南锣鼓巷				
	前门大街				
中国现代商业街区	王府井大街				

中韩商业街区建筑色彩分析研究

续表

街区类型	构成	中国商业街区建筑配色方案			
中国现代商业街区	西单大街				

表 5-4 韩国建筑色彩配色方案评价样本

街区类型	构成	韩国商业街区建筑配色方案			
韩国传统商业街区	仁寺洞街				
	三清洞街				

130

街区类型	构成	韩国商业街区建筑配色方案			
韩国传统商业街区	三清洞街				
韩国现代商业街区	清潭洞街				
	新沙洞林荫道				

5.1.3　观察对象选取

为摸清中韩两国青年人群对建筑色彩搭配方式的喜好程度，首先应选取合适的观察对象，作者认为应从以下几个方面进行考量。首先，观察对象年龄构成，作者认为参与色彩效果评价的主要人群，年龄段应集中在二十岁至三十岁之间，因为此年龄段最能代表中韩两国青年人群这一群体。其次，作者认为观察者自身应具备对色彩设计效果的评价与反馈能力，若观察者前期接受过相关专业培训，对保证最终研究结果的准确性，将起到事半功倍的作用。基于以上两点，作者将观察对象确定为中韩两国高校建筑学专业大二以上学生，随后分别在中韩两国知名高校的相关专业内发放调查问卷，共发放 500 份调研问卷，共回收 475 份问卷，回收率达到 95%，符合开展研究所需的人数要求，具体人员构成情况如表 5-5 所示，从表格展示信息上看，各方面指标情况均符合开展研究工作的客观要求，足以保证研究工作的顺利进行。

表 5-5　观察者人员构成

性别	男：245 名　女：230 名（基本上达到男女生人数比例 1:1）
学历构成	本科：240 名　硕士及以上：235 名（基本上达到本科生与硕士生人数比例 1:1）
国籍构成	韩国学生：221 名　中国学生：254 名（基本上达到中韩两国学生人数比例 1:1）
年龄构成	20 岁至 30 岁之间，其中 20 岁左右人员占比 85%，30 岁左右人员占比 15%
总计	500 份问卷（有效回收率为 95%，共计回收问卷 475 份）

5.1.4　评价结果信度分析

实现对评价问卷的有效回收后，随即对评价结果开展分析工作，在此过程中因考虑到回收问卷结果的准确性与实效性，作者在研究中引入"信度分析"概念，用于对问卷结果进行评估。信度分析[①]原为一个统计学概念，是一种综合分析体系，用来对评价结果的有效性与可靠性进行分析，在社会学相关研究中通常用这一概念对调研结果的可信任程度进行验证。在实际操作中，普遍使用克龙巴赫 α 系数（Cronbach's α）[②]，作为衡量调研结果可信程度的重要依据，

---

① 武松，潘发明，等. SPSS 统计分析大全［M］. 北京：清华大学出版社，2014：212.
② 刘仁权. SPSS 统计分析教程［M］. 北京：中国中医药出版社，2016：222.

该指标是指所有项目所得到的折半信度系数的平均值。该指标数值分布区间为 0 到 1，数值越接近 1，说明前期调研结果准确率越高、可信程度越高。社会学相关研究中普遍以克龙巴赫 α 系数值 0.7 作为判断标准，若该指标数值达到 0.7，说明研究结果可信程度一般，其研究结果可予采纳。若该指标数值到达 0.9 以上时，说明试验前期假设结果与研究结果一致，研究结果可信程度极高，其研究结果可直接采纳。

接下来作者对收集到的感性评价结果进行信度分析，这一阶段侧重点在如何对克龙巴赫 α 系数（Cronbach's α）进行有效求解，并依据所得数值所处区间对其可信度进行评判，以此判断前期感性评价结果是否符合本书的客观需要。本书具体实施方法为将前期收集到的 475 份调研问卷结果全部输入计算机，使用统计学专业软件 SPSS 对其进行信度分析，从而实现对克龙巴赫 α 系数（Cronbach's α）的求解，最终求解得出克龙巴赫 α 系数值为 0.914，如表 5-6 所示。

本书所对应的克龙巴赫 α 系数值明显高于 0.7，表明前期所做的问卷调查结果与前期预期结果一致，可信度极高，其结果可直接被后期研究所采纳。

表 5-6 中韩两国建筑色彩配色方案感性评价克龙巴赫 α 系数分析

Cronbach's α	Cronbach's α Based on Standardized Item	N of items
0.914	0.914	20

5.1.5 评价词汇特性说明

完成对调查问卷结果的信度分析后，对前期数据作进一步分析梳理，对中韩两国青年人群各评价对象词汇得分平均值进行求解，并将各词汇得分平均值进行汇总，绘制词汇变化图线，下一阶段作者将分别对各评价对象实际情况进行逐一说明。

表 5-7 是中国建筑色彩配色方案感性评价词汇特性分析。

中韩商业街区建筑色彩分析研究

表5-7 中国建筑色彩配色方案感性评价词汇特性分析

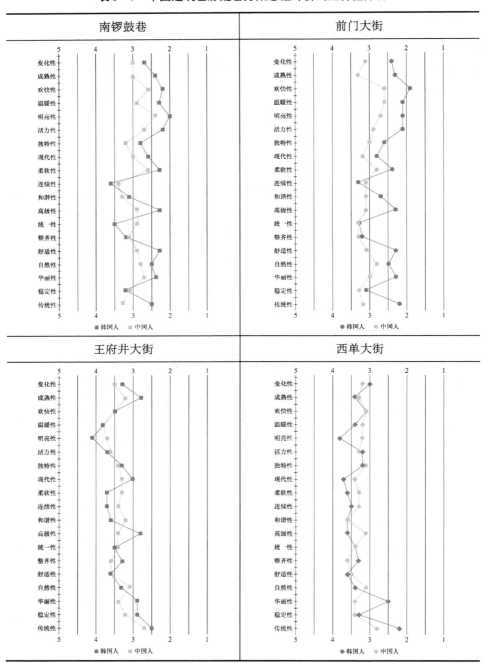

我们对中国各商业街区调研对象进行分析，如表5-7所示。首先由传统商业街区开始，从南锣鼓巷整体评价图线变化趋势上看，中韩两国青年人群对于评价对象的看法存在明显差异，除"连续性"与"统一性"两词汇韩国青年人群评价得分高于中国青年人群、"整齐性""稳定性"两词汇评价得分中韩青年人群基本持平外，其余评价词汇得分中国青年人群均高于韩国青年人群，两者在评价图线最终趋势走向上存在明显差异，出现以上情况说明中国青年人群对于南锣鼓巷色彩配色方案认可度明显高于韩国青年人群。随后依次类推，继续对前门大街相关情况进行分析，与南锣鼓巷情况类似，韩国青年人群仅在"连续性"这一词汇得分明显高于中国青年人群，其余中国青年人群各词汇总体评价得分均高于韩国青年人群，两者在评价图线最终趋势走向上也存在明显差异，亦说明中国青年人群对于前门大街色彩配色方案认同度明显高于韩国青年人群。其次对现代商业街区进行分析，从王府井大街评价词汇评价得分情况上看，除"明亮性""柔软性""连续性""和谐性"与"自然性"五个词汇韩国青年人群评价打分结果高于中国青年人群、"活力性""独特性""统一性"三词汇评价得分中韩青年人群基本持平外，其余词汇中国青年人群给出的评价得分情况均高于韩国青年人群，说明中国青年人群对王府井大街色彩配色方案的认同度与其在中国传统商业街区色彩搭配方案认同度上保持一致。完成上述三组评价样本评价词汇分析后，作者将工作重点转移至西单大街这一评价对象上，从图线信息上看，在"成熟性""温暖性""明亮性""现代性""柔软性""连续性""高级性""自然性"八个词汇评价得分上，韩国青年人群高于中国青年人群，说明相较其他三组评价样本，韩国青年人群对于西单大街色彩配色方案的认同度明显提升。

　　表5-8是韩国建筑色彩配色方案感性评价词汇特性分析。

表5-8 韩国建筑色彩配色方案感性评价词汇特性分析

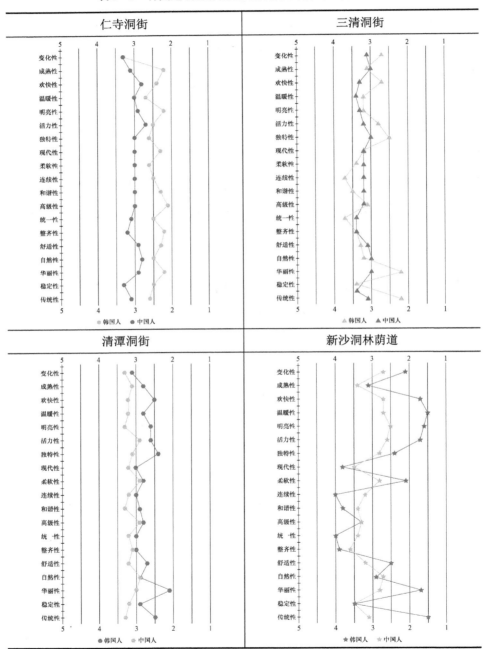

在完成对中国四组评价样本评价词汇分析后，采用相同分析模式对韩国评价样本开展分析工作，顺序为先传统后现代，如表 5-8 所示。从仁寺洞街词汇评价图线变化趋势上看，中国青年人群给此评价样本打分结果明显高于韩国青年人群，与之前提到的南锣鼓巷情况类似，说明中国青年人群对于仁寺洞街色彩配色方案认同度明显高于韩国青年人群。随后对三清洞街情况进行分析，从图线变化趋势上看，韩国青年人群打分变化幅度较大，表明韩国青年人群对此评价样本意见不统一，且在"柔软性""连续性""和谐性""统一性""舒适性""自然性""稳定性"词汇上，韩国青年人群得分均高于中国青年人群，从图线整体走势上看韩国青年人群评价得分曲线呈现较强波动性。接下来对清潭洞街进行分析，在此处中国青年人群全体词汇打分成绩均高于韩国青年人群，说明中国青年人群对于清潭洞街色彩配色方案认同度明显高于韩国青年人群。最终分析新沙洞林荫道，从图线变化趋势上看，两国青年人群对于此评价样本存在较大争议，从而导致两条图线变化幅度较大，这与该评价样本色彩配色方案设计理念有关。虽韩国青年人群在"现代性""连续性""和谐性""统一性""整齐性"等多个词汇得分均明显高于中国青年人群的，但中国青年人群在此评价对象的总体评价得分依然高于韩国青年人群。韩国青年人群在新沙洞林荫道评价对象的评价得分图线是所有评价得分图线中变化幅度最大的。

　　综上所述，从词汇得分变化图线上看，韩国评价样本所引发的两国青年人群词汇评价得分波动明显大于中国评价样本，作者分析其与韩国评价样本整体视觉层面所呈现出的"跳动、多变"效果存在关联性。作者还发现中国青年人群对本国传统商业街区色彩搭配方式认同度远超韩国青年人群，两国青年人群在对两国现代商业街区色彩搭配方式认同度上存在相似之处。

5.1.6　配色方案评价因子分析

　　作者除对评价词汇分布情况进行分析外，还以调查问卷数据为基础，进行因子分析，意在掌握中韩两国青年人群对于建筑色彩方案的偏好程度，并以此为依据指导色彩设计实践活动。本书在进行因子分析过程中，主要运用了主成分分析法与最大方差法对相关前期数据进行分析，其结果如表 5-9 所示。

中韩商业街区建筑色彩分析研究

表5-9 配色方案评价因子分析结果

因子分类	评价词汇	成分				代表词汇
		I	II	III	IV	
I	统一性	.794	.131	−.111	.038	整齐性 成熟性
	整齐性	.793	.140	−.037	.091	
	和谐性	.737	.308	.108	−.020	
	连续性	.732	.149	−.031	−.007	
	稳定性	.707	.020	.029	.103	
	高级性	.631	.153	.490	−.017	
	现代性	.562	.016	.515	−.259	
	成熟性	.560	.120	.555	.082	
	自然性	.497	.474	.081	.156	
II	温暖性	.129	.790	.249	.202	温暖性 欢快性
	明亮性	.117	.755	.397	−.052	
	柔软性	.375	.714	.112	.052	
	活力性	.033	.632	.564	−.008	
	欢快性	.109	.621	.528	.129	
	舒适性	.509	.609	.182	.085	
III	独特性	.037	.265	.710	.039	独特性 华丽性
	华丽性	.035	.317	.659	.342	
	变化性	−.258	.296	.639	.019	
IV	传统性	.123	.153	.127	.925	传统性
固有值/%		4.639	3.558	3.073	1.164	
贡献度/%		24.417	18.726	16.172	6.126	
累积度/%		24.417	43.143	59.315	65.441	

138

经因子分析后，将19个评价词汇划归到四个主因子轴之中，四个主因子轴分别为Ⅰ轴、Ⅱ轴、Ⅲ轴与Ⅳ轴，四因子轴总体说服力为65.441%。根据社会学相关研究经验，因子轴总体说服力超过60%，其研究结果可予以采纳，依据此经验本书结果符合要求可予以采纳，接下来作者将针对表5-9内容对各因子轴组成情况进行详尽说明。

Ⅰ轴自身对四个主因子轴贡献度为24.417%，作为对主因子贡献度最高的因子轴，其自身也成为整个评价试验中最大的影响因素，主要由"统一性""整齐性""和谐性""连续性""稳定性""高级性""现代性""成熟性""自然性"九个评价词汇汇聚而成，选取"整齐性"与"成熟性"两个词汇对众多词汇内容进行概括与说明，两词汇自身也是对主因子轴内容的最好诠释。

Ⅱ轴自身对四个主因子轴贡献度为18.726%，作为四个主因子轴中的第二影响因子，主要由"温暖性""明亮性""柔软性""活力性""欢快性""舒适性"六个评价词汇汇聚而成，选取"温暖性"与"欢快性"两个词汇既是对其他词汇内容的高度概括，也是对其因子轴内容进行二次解读。

Ⅲ轴自身对四个主因子轴贡献度为16.172%，作为四个主因子轴中的第三影响因子，主要由"独特性""华丽性""变化性"三个评价词汇汇聚而成，同理亦是选取"独特性"与"华丽性"两个词汇对各个词汇所囊括内容进行解释与说明，也是对主轴内容进行总结与概括。

Ⅳ轴自身对四个主因子轴贡献度为6.126%，作为对主因子贡献度最小的因子轴，只有"传统性"单一评价词汇，参考其他三轴选取"传统性"这一词汇对其自身所在轴线内容进行概括说明。

因子分析除得到主因子轴分布图表可用于确定各因子轴影响度之外，还可观察八组评价样本在各因子轴中的得分情况，并根据其分布位置归纳总结出中韩两国青年人群对于建筑色彩搭配方式的偏好程度，下一阶段作者将对因子轴分布图进行深入说明，评价样本因子轴分布情况具体如图5-2～图5-4所示，虚线代表各评价样本在中国青年人群中的评价得分情况，实线则代表各评价样本在韩国青年人群中的评价得分情况。

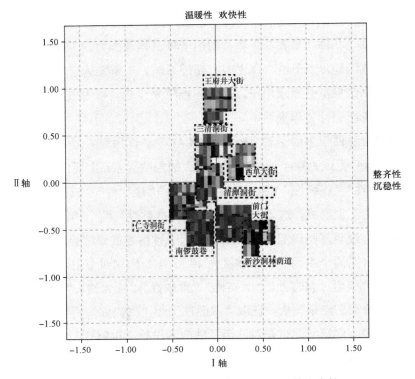

图 5-2　中国青年人群评价样本Ⅰ-Ⅱ因子轴分布情况

　　从图 5-2 与图 5-3 中可知，在Ⅰ轴方向中韩两国青年人群均给予新沙洞林荫道以最高评价，使其相对位置较其他评价样本而言，处于最右侧的位置即最高得分位。究其原因与其街道建筑色彩主要色与辅助色广泛采用 N 系列色彩有关，正是由于街道建筑大量使用此配色方案，导致该街区整体色彩基调沉稳，营造出一种"成熟稳健"的色彩氛围，从而使中韩两国青年人群均在此方向给予新沙洞林荫道最高评价，让其在八组评价样本中得分最高。同时还发现，中国青年人群在此轴给予八组评价样本得分之间差异性小，反映在样本因子轴分布图中八组评价样本分布态势较为聚拢。与其相反，韩国青年人群在此轴给予八组评价样本得分之间差异性大，反映在样本因子轴分布图中八组评价样本分布态势更为分散。出现这一情况，表明中韩两国青年人群在Ⅰ轴方向对于八组评价样本的看法存在明显差异。

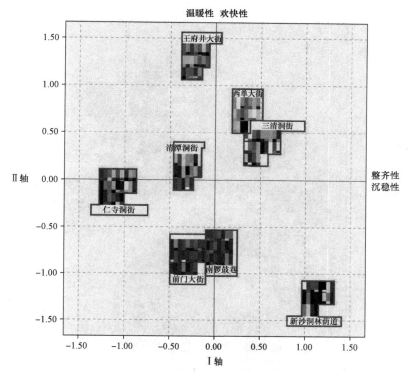

图 5-3　韩国青年人群评价样本 I-II 因子轴分布情况

Ⅱ轴方向中韩两国青年人群均给予王府井大街以最高评价，使其相对位置较其他评价样本而言，处于最上端的位置即最高得分位。与新沙洞林荫道一样，出现此评价结果与其建筑色彩搭配方式有关。前文中对王府井大街建筑色彩构成进行了详细说明这里不再赘述，只强调说明其配色方案较其他街区建筑而言，主要色与辅助色 YR 系列色彩使用比例高，从而使该街区营造出一种"温暖性"与"欢快性"的色彩氛围，中韩两国青年人群均给予其最高评价。同样八组评价样本中的西单大街与三清洞街建筑色彩中也因为大量使用 YR 系列与Y 系列色彩，使得两者在Ⅱ轴方向评价得分中处于高位。较中国青年人群而言，韩国青年人群在Ⅱ轴方向尤为偏爱 YR 系列色彩，从而出现同一评价样本王府井大街在中韩两国青年人群Ⅱ轴方向评价得分存在明显差异，韩国青年人群对于王府井大街评分位置更为向上。从样本因子轴分布图上看，若街区建筑色彩

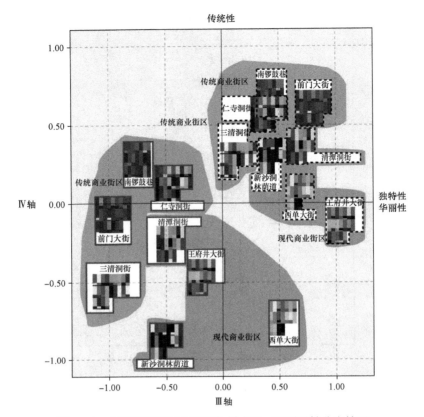

图 5-4 中韩两国青年人群评价样本Ⅲ-Ⅳ因子轴分布情况

中大量采用无彩色即 N 系列色彩必然拉低其在Ⅱ轴方向上的评价得分,八组评价样本中的南锣鼓巷、前门大街及新沙洞林荫道皆出现此种现象。

从图 5-4 中可知,在Ⅲ轴方向与Ⅳ轴方向,中韩两国青年人群对于各评价样本看法存在巨大差异,主要表现为对于同一评价样本,中韩两国青年人群评价得分结果完全不同,中国青年人群在Ⅲ轴方向与Ⅳ轴方向对所有评价样本均给予高分评价。与之相反,韩国青年人群在Ⅲ轴方向与Ⅳ轴方向对所有评价样本均给予低分评价,最终导致两组相同评价样本在因子轴分布图中的相对位置泾渭分明。同时发现中韩两国青年人群在Ⅲ轴方向均给予传统商业街区评价样本以高分评价,且两国评价样本中的现代街区样本在Ⅳ轴方向评价得分明显高于传统街区样本,证明两国青年人群在对以上评价样本看法一致。

对Ⅲ轴方向高评价得分样本进行分析后发现，凡街区建筑色彩中大量使用YR 系列与 Y 系列色彩的评价样本，其在Ⅲ轴方向均获得高评价得分，特别是中国青年人群在Ⅲ轴方向评价中尤为偏爱 YR 系列与 Y 系列色彩，在王府井大街这一评价样本身上得到了完美体现，该评价样本在Ⅲ轴方向的评价得分确实一枝独秀，且中国青年人群给出的评价得分远超韩国青年人群。

参考前文亦对Ⅳ轴方向高评价得分样本进行分析，发现其存在一定规律，即凡街区建筑色彩中大量使用 N 系列色彩的评价样本，其在Ⅳ轴方向均获得高评价得分。中国青年人群在Ⅳ轴方向评价中尤为偏爱 N 系列色彩，表现在南锣鼓巷与前门大街两组评价样本上。通过前文叙述可知，这两组评价样本地处北京历史文化保护街区之中，街区建筑采用与周边民居色彩风格相一致的 N 系列色彩进行立面装饰，最终两评价样本在Ⅳ轴方向评价得分远超其他评价样本。

5.2　建筑色彩纯化效果评价分析

前文对中韩两国青年人群建筑色彩搭配方式进行了感性评价与分析，基本了解了中韩两国青年人群对于建筑色彩搭配方式的偏好程度。但作者认为任何针对色彩的相关研究均不能脱离其应用场景，如对服装、产品等色彩开展研究工作，一定建立在应用场景基础之上。接下来作者将结合应用场景对建筑色彩搭配方式进行进一步分析说明。

鉴于以上分析，作者以前期研究结论为基础，将现阶段中韩两国商业街区建筑形态作为模板，简化其自身建筑构成元素，只保留其基本形态，导入 5.1 节中提到的八组评价样本，组成新的评价样本，完成对色彩搭配方式以及其应用场景的搭建工作，再对中韩两国青年人群开展感性评价，以确定中韩两国青年人群对于评价样本建筑形态及其对应色彩搭配方式的偏好程度。作者认为这样才完成了中韩两国青年人群对建筑色彩搭配方式偏好度研究的闭环管理，最终研究成果才具有一定说服力，未来可作为重要参考资料服务于中韩两国商业街区建筑色彩设计实践。

5.2.1 评价方法说明

本节沿用 5.1 节所使用的评价样本观察方式，但是会制作完成新的评价样本。作者在本节中将对各评价样本进行纯化处理，使其符合研究对于评价样本的客观要求。所谓纯化处理，是指去除建筑自身多余装饰元素，仅保留建筑立面轮廓并配合已知配色方案，制作形成新的评价样本供后期评价使用，这里所说的配色方案仅考虑色彩这一单一影响因素，而不考虑因材料、施工工艺等相关因素对建筑色彩视觉效果所造成的影响，具体操作流程如表 5-10 所示，这里以中国传统商业街区前门大街为例进行说明，最终纯化处理效果也与表 5-10 所呈现的效果一致。

表 5-10 评价样本纯化处理流程

步骤划分	评价样本	操作内容
步骤 1：评价样本原始数据采集阶段		完成对评价样本原始数据收集工作，提取出评价样本前期建筑立面图片，此图片为前门大街现场建筑立面分布图
步骤 2：评价样本立面轮廓图绘制阶段		对评价样本原图进行处理，结合相关设计软件，仅对建筑立面轮廓予以保留
步骤 3：建筑配色方案收集整理阶段		对评价样本主要色、辅助色、点缀色梳理，主要对其大致分布情况进行分类整理，这一工作已在前期整理完毕

续表

步骤划分	评价样本	操作内容
步骤4：完成新评价样本建构	 （图片中原建筑窗户部分统一使用 NCS 色彩系统中的 S 1020－R60B 号色彩进行统一填充）	将立面轮廓与建筑配色方案两者相结合，完成纯化处理，实现评价样本建构，最终效果如中间图片所示

　　根据表5－10相关要求，首先完成新评价样本的制作工作，优先考虑中国评价样本，原因在于以下几个方面。第一，目前中国已成为世界第二大经济体，其经济总量与发展规模远超其他国家，并且在未来发展速度还将进一步加快，这就决定了中国整体城市化发展进程远未结束。现阶段中国国内还有众多中小城市亟须对其城市风貌进行重新规划与梳理，而商业街区作为城市商业活动的重要场所，对于城市经济发展的重要意义不言而喻。商业街区建筑色彩规划作为商业街区整体视觉形象的重要组成部分，其规划舒适程度直接影响到在此从事商业活动的人群心理，所以对商业街区建筑色彩开展研究就显得十分必要。第二，由于青年一代的快速成长，未来拉动经济发展的主力人群必然是青年人群，因此本阶段研究依然将青年人群作为观察对象，且作者认为未来城市商业街区色彩搭配方案要符合广大青年人群的审美需求，才能保证商业街区经济的长期有效发展。第三，伴随中韩两国贸易活动交往的进程，韩国在各领域受中国文化影响愈加深入，特别在韩国青年一代中掀起了学习中国文化的热潮，被中韩两国青年人群所接受的建筑色彩搭配方案，未来一定能在中韩两国商业街区色彩设计中发挥更为重要的作用。同时随着时代的发展，中韩两国国际影响力的不断加深，受两国青年所偏爱的建筑色彩搭配方式能在不久的将来影响到更多亚洲国家，使其发展为受到亚洲国家广泛推崇的主流商业街区色彩搭配方案。接下来以中国传统与现代商业街区为原型，按照表5－10流程顺序完成原评价样本建筑形态绘制与纯化处理工作构建新的评价样本。具体做法以中国四组商业街区建筑形态为原型，分别与前期八组配色评价样本相结合，最终整理

145

得出三十二组新评价样本供下一阶段研究使用。

　　中国传统商业街区纯化处理效果——南锣鼓巷形态评价样本（此处以南锣鼓巷建筑形态为基础，配色方案则使用其他街区配色方案，形成最终评价模型）如图5-5～图5-12所示。

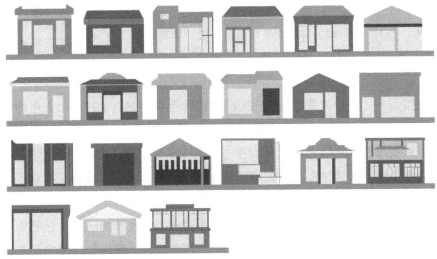

图5-5　南锣鼓巷建筑形态加南锣鼓巷配色方案

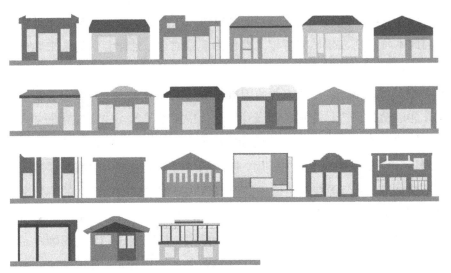

图5-6　南锣鼓巷建筑形态加前门大街配色方案

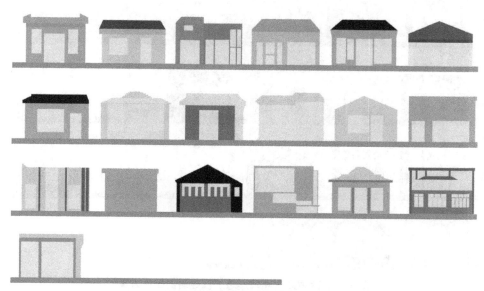

图 5-7　南锣鼓巷建筑形态加王府井大街配色方案

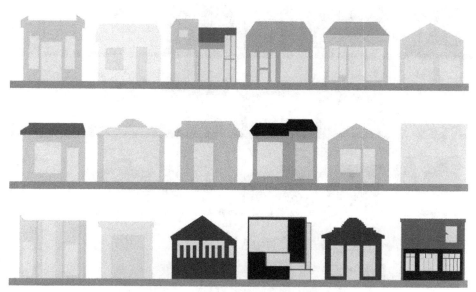

图 5-8　南锣鼓巷建筑形态加西单大街配色方案

中韩商业街区建筑色彩分析研究

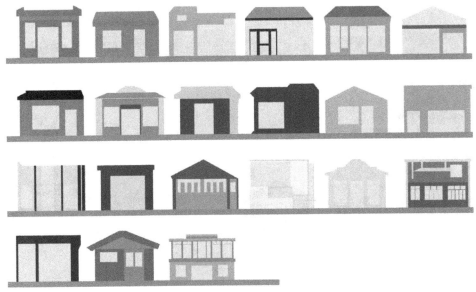

图 5－9　南锣鼓巷建筑形态加仁寺洞街配色方案

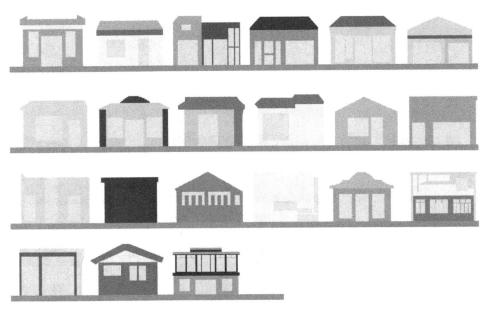

图 5－10　南锣鼓巷建筑形态加三清洞街配色方案

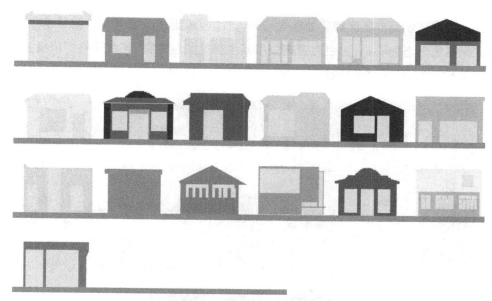

图 5-11 南锣鼓巷建筑形态加清潭洞街配色方案

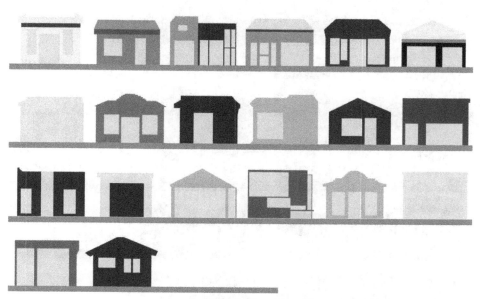

图 5-12 南锣鼓巷建筑形态加新沙洞林荫道配色方案

中国传统商业街区纯化处理效果——前门大街形态评价样本（此处以前门大街建筑形态为基础，配色方案则使用其他街区配色方案，形成最终评价模型）如图5-13～图5-20所示。

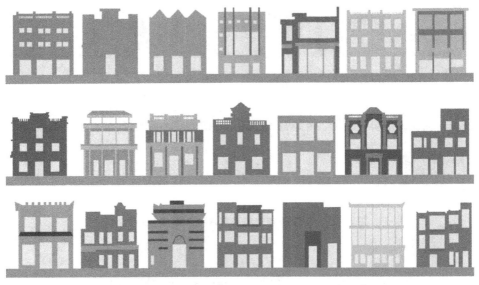

图5-13　前门大街建筑形态加南锣鼓巷配色方案

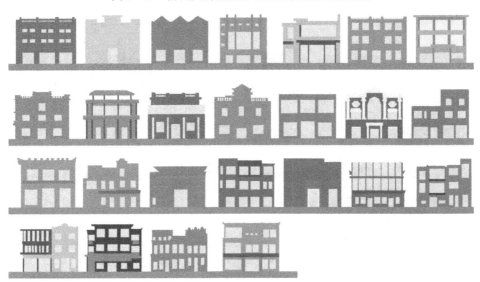

图5-14　前门大街建筑形态加前门大街配色方案

图 5-15　前门大街建筑形态加王府井大街配色方案

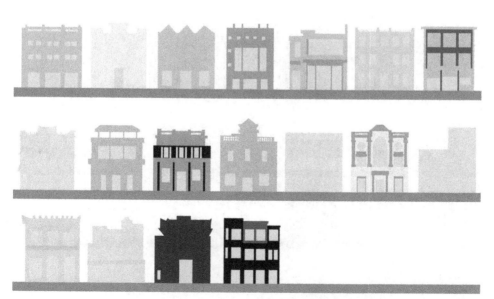

图 5-16　前门大街建筑形态加西单大街配色方案

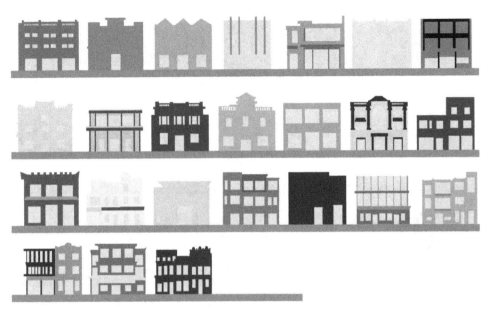

图 5-17　前门大街建筑形态加仁寺洞街配色方案

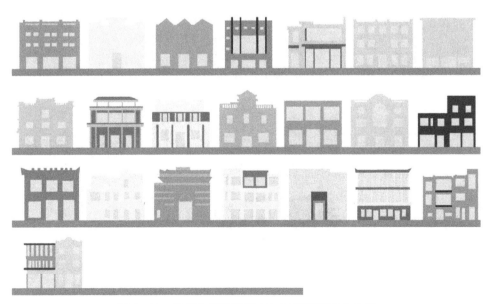

图 5-18　前门大街建筑形态加三清洞街配色方案

图 5-19　前门大街建筑形态加清潭洞街配色方案

图 5-20　前门大街建筑形态加新沙洞林荫道配色方案

中国现代商业街区纯化处理效果——王府井大街形态评价样本（此处以王府井大街建筑形态为基础，配色方案则使用其他街区配色方案，形成最终评价模型）如图 5–21～图 5–28 所示。

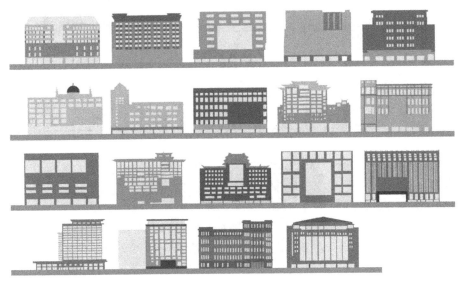

图 5–21　王府井大街建筑形态加南锣鼓巷配色方案

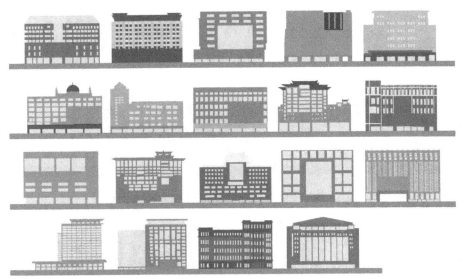

图 5–22　王府井大街建筑形态加前门大街配色方案

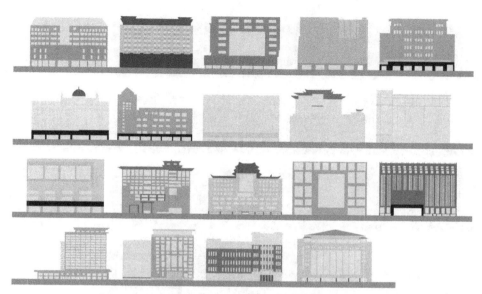

图 5-23　王府井大街建筑形态加王府井大街配色方案

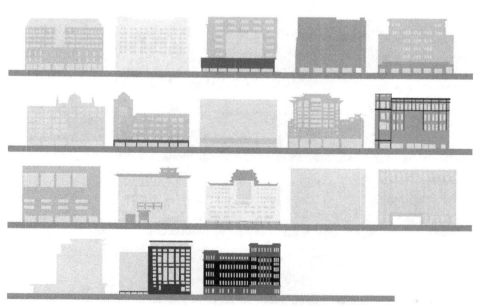

图 5-24　王府井大街建筑形态加西单大街配色方案

中韩商业街区建筑色彩分析研究

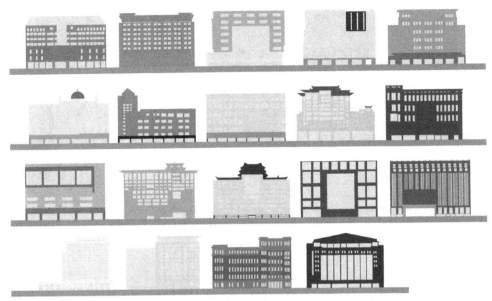

图 5-25 王府井大街建筑形态加仁寺洞街配色方案

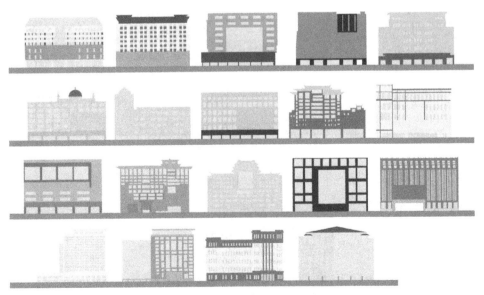

图 5-26 王府井大街建筑形态加三清洞街配色方案

图5-27　王府井大街建筑形态加清潭洞街配色方案

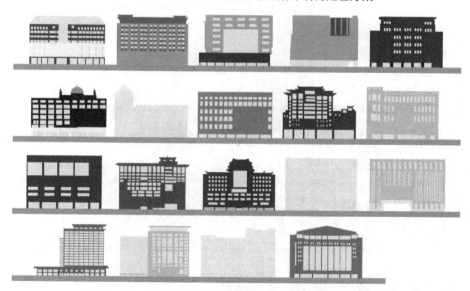

图5-28　王府井大街建筑形态加新沙洞林荫道配色方案

中国现代商业街区纯化处理效果——西单大街形态评价样本（此处以西单大街建筑形态为基础，配色方案则使用其他街区配色方案，形成最终评价模型）如图5-29～图5-36所示。

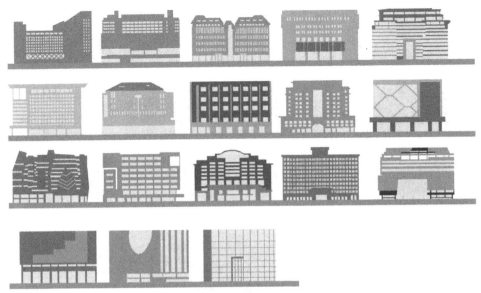

图 5-29　西单大街建筑形态加南锣鼓巷配色方案

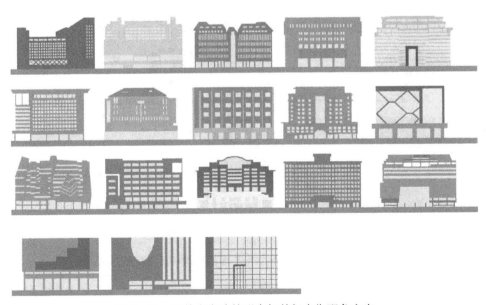

图 5-30　西单大街建筑形态加前门大街配色方案

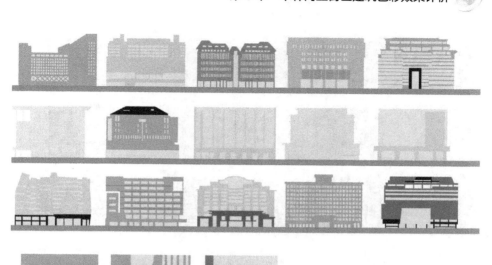

图 5-31　西单大街建筑形态加王府井大街配色方案

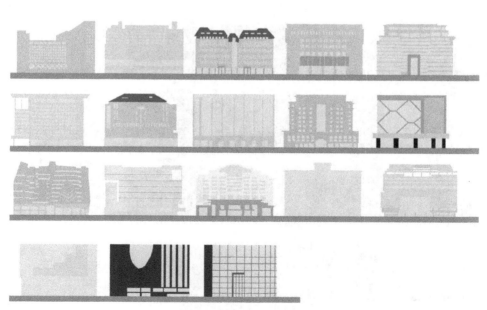

图 5-32　西单大街建筑形态加西单大街配色方案

中韩商业街区建筑色彩分析研究

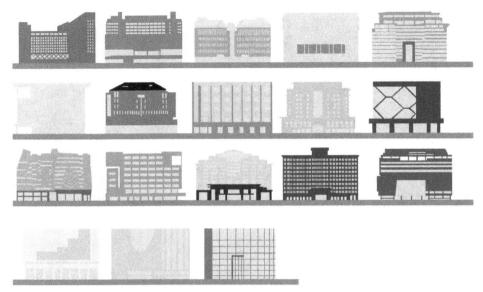

图5-33　西单大街建筑形态加仁寺洞街配色方案

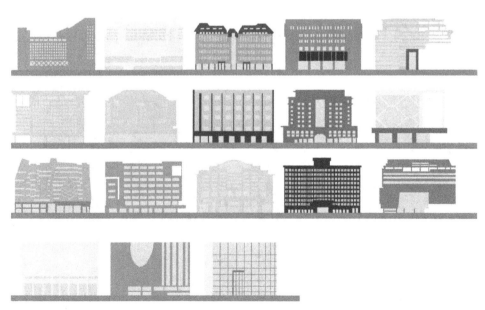

图5-34　西单大街建筑形态加三清洞街配色方案

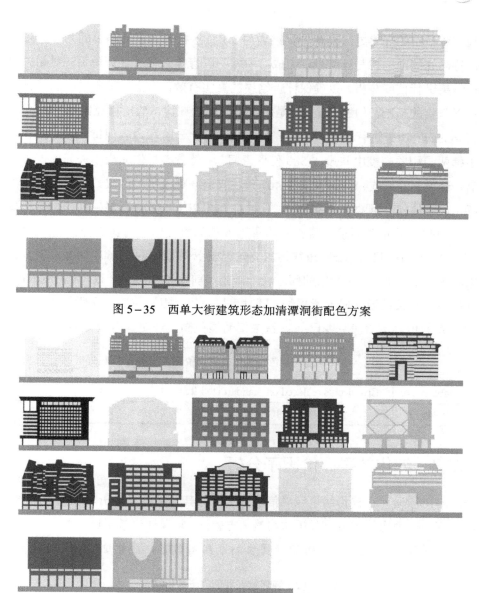

图 5-35　西单大街建筑形态加清潭洞街配色方案

图 5-36　西单大街建筑形态加新沙洞林荫道配色方案

5.2.2　评价结果信度分析

完成新评价样本制作后，随即再次对中韩两国青年人群开展感性评价试验，所使用的观察方法与评价词汇均与 5.1 节保持一致，此举目的为最大限度保持研究的准确性与延续性。完成对中韩两国青年人群感性评价后，对相关评价结果进行信度分析，以确保评价结果的真实有效，为下一阶段进行因子分析打下坚实的基础。信度分析主要是对本阶段感性评价试验所得克龙巴赫 α 系数（Cronbach's α）进行求解与分析，具体做法与上一阶段内容保持一致，作者在中韩两国相关高校中共投放 500 份调查问卷，待青年学生完成相关问卷调查表后，开展问卷回收，共回收问卷 467 份，较上一阶段研究回收数目稍微有所下降，但总体问卷回收率为 93.4%，保持在 90% 以上，符合开展感性评价分析试验对回收率的相关要求，将相关结果输入计算机之中，对其克龙巴赫 α 系数（Cronbach's α）进行求解，最终得出克龙巴赫 α 系数值为 0.960，明显高于 0.7，如表 5 - 11 所示，表明所做的问卷调查结果与前期预期结果一致，可信度极高，其结果可直接被后期研究所采纳。同时可以看出，相较前期研究所得的克龙巴赫 α 系数值，本阶段克龙巴赫 α 系数值明显更高，证明其有效说服力更强。

表 5 - 11　中韩两国建筑色彩纯化效果评价克龙巴赫 α 系数分析

Cronbach's α	Cronbach's α Based on Standardized Item	N of items
0.960	0.960	20

5.2.3　纯化效果评价因子分析

本阶段研究在评价结果完成信度分析后对其开展因子分析，仍沿用上一阶段研究中所使用的主成分分析法与最大方差法，掌握纯化效果评价中各主因子轴分布情况，也为下一阶段研究提供前期参考数据，结果如表 5 - 12 所示。

表 5 - 12　纯化效果评价因子分析结果

因子分类	评价词汇	成分				代表词汇
		I	II	III	IV	
I	整齐性	.809	.198	.128	.166	整齐性
	现代性	.787	.228	.124	.170	现代性

因子分类	评价词汇	成分				代表词汇
		I	II	III	IV	
I	和谐性	.761	.325	.193	.092	整齐性 现代性
	连续性	.751	.291	.135	.047	
	稳定性	.712	.177	.136	.366	
	高级性	.695	.154	.470	.038	
	统一性	.680	.045	.531	−.164	
	自然性	.671	.402	.174	.306	
	成熟性	.658	.200	.477	−.084	
	舒适性	.617	.462	.210	.315	
II	明亮性	.284	.761	.345	.090	明亮性 温暖性
	温暖性	.298	.759	.247	.218	
	活力性	.186	.652	.558	.037	
	柔软性	.481	.651	.191	.216	
	欢快性	.282	.628	.541	.112	
III	华丽性	.263	.245	.759	.204	华丽性
	独特性	.261	.300	.744	.055	
	变化性	.059	.332	.717	.268	
IV	传统性	.335	.357	.314	.711	传统性
固有值/%		5.901	3.539	3.475	1.168	
贡献度/%		31.059	18.626	18.291	6.149	
累积度/%		31.059	49.685	67.976	74.124	

　　经因子分析后，发现其最终主因子分布情况，除因子轴中部分评价词汇分布情况略有不同之外，其余评价词汇分布情况均与上一阶段配色方案因子分析结果相差无异。但同时发现纯化效果评价说服力明显更高，其在 I 轴、II 轴、

Ⅲ轴与Ⅳ轴总体说服力达到74.124%。其说明力明显高于60%，因此研究结果可直接予以采纳。接下来针对表5−12内容对各因子轴组成进行详尽说明。

Ⅰ轴自身对四个主因子轴贡献度为31.059%，作为对主因子贡献度最高的因子轴，其自身也是整个评价试验中的最大影响因素，主要由"整齐性""现代性""和谐性""连续性""稳定性""高级性""统一性""自然性""成熟性""舒适性"十个评价词汇汇聚而成，与上一阶段因子分析词汇构成略有不同，作者选取目前评价得分排名靠前的"整齐性"与"现代性"两个词汇对众词汇内容进行概括说明，同时两词汇亦是对主因子轴所囊括内容的最佳解读。

Ⅱ轴自身对四个主因子轴贡献度为18.626%，作为四个主因子轴中的第二影响因子，主要由"明亮性""温暖性""活力性""柔软性""欢快性"五个评价词汇汇聚而成，本次各词汇评价得分与上一阶段研究中词汇得分略有不同，导致本阶段词汇分布情况略微发生改变。正是基于这一微小变化，作者选取词汇分布中排名靠前的两词汇"明亮性"与"温暖性"对因子轴内涵进行概括与说明。

Ⅲ轴自身对四个主因子轴贡献度为18.291%，作为四个主因子轴中的第三影响因子，主要由"华丽性""独特性""变化性"三个评价词汇汇聚而成，作者在此处选取三个评价词汇中评价得分排名第一的"华丽性"对各个词汇所囊括内容进行解释与说明，与上一阶段研究略有不同。

Ⅳ轴为对主因子贡献度最小的因子轴，自身对四个主因子轴贡献度仅为6.149%，由"传统性"这一单一评价词汇描述，作者也沿用"传统性"作为对该因子轴进行概括与说明的代表性词汇。

5.2.4 评价变量影响分析

与上一阶段研究仅对色彩搭配方式这一单一变量开展研究不同，本阶段研究涉及色彩搭配方式与色彩应用场景两个变量。仅对两个变量组成的评价样本开展因子分析，显然不能满足研究的现实需求。因此本阶段研究在前期因子分析所获数据的基础之上，提取代表性词汇因子分析结果继续开展多元回归分析，其目的是分析建筑色彩搭配方式与建筑形态两变量对中韩两国青年人群感性评价结果影响程度，并最终找到受两国青年人群偏爱的商业街区建筑色彩搭配方案及对应建筑形态。

　　接下来分别对前期中韩两国人群感性评价结果再次进行多元回归分析，以探寻两变量对中韩两国青年人群感性评价结果所造成的影响。首先对中国青年人群感性评价结果进行多元回归分析，选取的代表性词汇包括"整齐性""现代性""明亮性""温暖性""华丽性""传统性"，其分析结果如表5-13所示。

表5-13　评价变量影响分析（中国青年人群评价结果为主）

对应词汇	评价变量影响结果分析				
	变量	评价样本	样本对变量影响	变量对评价结果影响	样本对变量影响分布图
整齐性	建筑形态	南锣鼓巷	0.028	12.28%	$R^2=0.9103$ 0.028
		前门大街	0.003		0.003
		王府井大街	0.003		0.003
		西单大街	-0.034		
	建筑配色方案	仁寺洞街	-0.022	87.72%	
		三清洞街	0.028		0.028
		清潭洞街	-0.272		
		新沙洞林荫道	0.178		0.178
		南锣鼓巷	0.028		0.028
		前门大街	0.078		0.078
		王府井大街	0.028		0.028
		西单大街	-0.047		
现代性	建筑形态	南锣鼓巷	-0.056	25.63%	$R^2=0.9557$
		前门大街	-0.006		
		王府井大街	0.006		0.006
		西单大街	0.056		0.056
	建筑配色方案	仁寺洞街	-0.069	74.37%	
		三清洞街	-0.019		
		清潭洞街	-0.069		
		新沙洞林荫道	0.181		0.181
		南锣鼓巷	0.056		0.056
		前门大街	0.056		0.056
		王府井大街	-0.144		
		西单大街	0.006		0.006

对应词汇	评价变量影响结果分析				

R^2=0.9300

变量	评价样本	样本对变量影响	变量对评价结果影响	样本对变量影响分布图 −1.0　　0　　1.0
明亮性 建筑形态	南锣鼓巷	−0.106	31.10%	
	前门大街	0.131		0.131
	王府井大街	0.031		0.031
	西单大街	−0.056		
建筑配色方案	仁寺洞街	0.081	68.90%	0.081
	三清洞街	0.081		0.081
	清潭洞街	−0.169		
	新沙洞林荫道	−0.219		
	南锣鼓巷	−0.044		
	前门大街	−0.019		
	王府井大街	0.306		0.306
	西单大街	−0.019		

R^2=0.9300

变量	评价样本	样本对变量影响	变量对评价结果影响	样本对变量影响分布图 −1.0　　0　　1.0
温暖性 建筑形态	南锣鼓巷	0.063	19.23%	0.063
	前门大街	−0.012		
	王府井大街	0.013		0.013
	西单大街	−0.063		
建筑配色方案	仁寺洞街	−0.138	80.77%	
	三清洞街	0.038		0.038
	清潭洞街	−0.012		
	新沙洞林荫道	−0.237		
	南锣鼓巷	0.062		0.062
	前门大街	−0.087		
	王府井大街	0.287		0.287
	西单大街	0.087		0.087

续表

对应词汇	评价变量影响结果分析				

$R^2=0.9569$

变量	评价样本	样本对变量影响	变量对评价结果影响	样本对变量影响分布图 -1.0　　　　0　　　　1.0
华丽性 建筑形态	南锣鼓巷	−0.072	33.33%	
	前门大街	0.053		0.053
	王府井大街	0.016		0.016
	西单大街	0.003		0.003
建筑配色方案	仁寺洞街	0.041	66.67%	0.041
	三清洞街	0.016		0.016
	清潭洞街	−0.084		
	新沙洞林荫道	−0.009		
	南锣鼓巷	0.066		0.066
	前门大街	−0.009		
	王府井大街	0.116		0.116
	西单大街	−0.134		

$R^2=0.9584$

变量	评价样本	样本对变量影响	变量对评价结果影响	样本对变量影响分布图 -1.0　　　　0　　　　1.0
传统性 建筑形态	南锣鼓巷	−0.069	43.75%	
	前门大街	0.106		0.106
	王府井大街	0.019		0.019
	西单大街	−0.056		
建筑配色方案	仁寺洞街	0.031	56.25%	0.031
	三清洞街	0.006		0.006
	清潭洞街	−0.094		
	新沙洞林荫道	−0.044		
	南锣鼓巷	0.131		0.131
	前门大街	0.056		0.056
	王府井大街	−0.069		
	西单大街	−0.019		

从表 5-13 可知，建筑形态与建筑配色方案两变量在"整齐性"方向相关系数值（R^2）为 0.910 3，参考统计学相关研究中相关系数越接近于 1，即证明 A 与 B 两者相关性越强的研究经验，证明两变量与中国青年人群在"整齐性"方向感性评价结果之间存在较强关联性。从数据上看，此方向评价结果主要受建筑配色方案变量影响，其影响能力占比达 87.72%，该值远超建筑形态占比（12.28%）。从细节上看，两变量所囊括的各评价样本亦对两变量产生影响，接下来将围绕两变量自身开展分析。在建筑配色方案变量中，新沙洞林荫道与前门大街两评价样本对其产生正向影响，与评价得分直接相关，二者对其影响程度大小顺序为新沙洞林荫道、前门大街。同理在建筑形态变量中，南锣鼓巷这一评价样本对其产生的正向影响最大，与其评价得分直接相关。作者据此研判，若需得到中国青年人群所认可的"整齐性"街区视觉效果，只需采用"新沙洞林荫道建筑色彩搭配方案"加"南锣鼓巷建筑形态方案"相搭配的模式，即可实现相关设计诉求。

建筑形态与建筑配色方案两变量在"现代性"方向相关系数值（R^2）为 0.955 7，与前一词汇相比该值大小明显上升，根据统计学相关研究中相关系数越接近于 1，即证明 A 与 B 两者相关性越强的研究经验，证明两变量与中国青年人群在"现代性"方向感性评价结果之间存在较强关联性。从数据上看，此方向评价结果依然受建筑配色方案变量影响严重，其影响程度占比达 74.37%。接下来将对两变量所囊括的各评价样本开展分析，首先对建筑配色方案变量进行分析，发现新沙洞林荫道这一评价样本对其产生的正向影响最大，需特别说明的是新沙洞林荫道主要采用以 N 系列色彩为主的建筑配色方案，其整体视觉效果体现了简约主义设计风格即"less is more"，而此种设计风格被广泛应用于日常生活之中如室内设计领域、服装设计领域等，致使此风格一直被广大青年人群推崇，长此以往势必对青年人群审美观念产生积极影响，作者认为该样本评价受到青年人群偏爱完全处于意料之中。随后对建筑形态变量进行分析，发现西单大街这一评价样本，作为"最年轻的"（修建时间距今最近）商业街区，融入了大量国际化设计元素，致使青年人群认为其较其他商业街区而言，在视觉效果上更为"现代"，因此成为对建筑形态变量造成最大影响的评价样本。

最后，作者据此研判若需得到中国青年人群所认可的"现代性"街区视觉效果，只需采用"新沙洞林荫道建筑色彩搭配方案"加"西单大街建筑形态方案"相搭配的模式，即可实现相关设计诉求。

　　建筑形态与建筑配色方案两变量在"明亮性"方向相关系数值（R^2）为 0.930 0，说明两变量与中国青年人群在"明亮性"方向感性评价结果之间存在较强关联性。建筑配色方案依旧占据主导地位，其影响程度占比为 68.90%，而建筑形态变量占比为 31.10%。对两变量所囊括的评价样本开展分析后发现，在建筑配色方案变量中，依然是王府井大街这一评价样本对其产生的正向影响最大，这得益于该街区色彩规划过程中，YR 系列与 Y 系列色彩的大量运用。在对建筑形态变量分析中发现，前门大街对其产生正向影响最大。作者据此研判若需得到中国青年人群所认可的"明亮性"街区视觉效果，只需采用"王府井大街建筑色彩搭配方案"加"前门大街建筑形态方案"相搭配的模式，即可实现相关设计诉求。

　　建筑形态与建筑配色方案两变量在"温暖性"方向相关系数值（R^2）为 0.930 0，证明两变量与中国青年人群在"明亮性"方向感性评价结果之间存在较强关联性。从数据上看，主要受建筑配色方案变量影响，其影响程度占比为 80.77%，建筑形态变量占比为 19.23%。对两变量所囊括的各评价样本开展分析，在建筑配色方案变量中，王府井大街这一评价样本对其产生的正向影响最大，其在众多评价样本中得分也最高，这得益于 YR 系列色彩的大量使用。同理在对建筑形态变量分析中，南锣鼓巷这一评价样本对其产生的正向影响最大。从对"明亮性"与"温暖性"的分析结果上看，王府井大街在色彩搭配方面确实有独到之处，大量使用 YR 与 Y 系列色彩，从而营造出一种温暖祥和的色彩氛围，给人留下深刻印象，并对中国青年人群审美造成巨大影响，使其在以上两个方向评价中均得到相关结果。作者据此研判若需营造此温暖和谐的街区视觉效果，只需采用"王府井大街建筑色彩搭配方案"加"前门大街建筑形态方案"相搭配的模式，即可实现相关设计诉求。

　　建筑形态与建筑配色方案两变量在"华丽性"方向相关系数值（R^2）为

0.956 9，证明两变量与中国青年人群在"华丽性"方向感性评价结果之间存在较强关联性。从数据上看，建筑配色方案变量影响度占比为 66.67%，建筑形态变量占比 33.33%。两变量中均发现王府井大街是对其产生正向影响最高的评价样本，在"华丽性"方向作者认为正是由于该街区建筑大量使用红色与金黄色作为建筑立面装饰色彩，而两色从古至今一直被用于中国宫阙建筑装饰之中，且该街区建筑形态借鉴中国宫阙造型，色彩与形态两变量相互搭配，共同营造出一种中国宫阙建筑的既视感，引得中国青年人群皆给予最高评价。由此作者研判若需得到中国青年人群所认可的"华丽性"街区视觉效果，只需采用与王府井大街建筑相类似的配色样式与形态样式，即可实现相关设计诉求。

最后对"传统性"方向相关情况进行分析，在此方向两变量相关系数值（R^2）为 0.958 4，证明两者与该方面感性评价结果之间存在较强关联性。建筑配色方式变量影响度依然高于建筑形态变量，其占比为 56.25%，但较前期研究而言两变量占比趋近相同，出现这一情况实属罕见。对两变量细部内容进行分析可知，南锣鼓巷与前门大街分别为建筑配色方式变量与建筑形态变量中对两者造成正影响最高的评价样本。得出此结果也与作者在现场看到的情况吻合，两评价样本情况在第 3 章中已进行系统性讲述，需特别说明的是，两街区地处北京传统历史文化保护街区之中，两者在建筑形态与配色方面均充分体现北京当地建筑"传统性"特点，因此出现以上结论十分合理，也符合作者对其做出的预判。由此作者研判若需得到中国青年人群所认可的"传统性"街区视觉效果，只需采用"南锣鼓巷建筑色彩搭配方案"加"前门大街建筑形态方案"相搭配的模式，即可实现相关设计诉求。

上文已完成对中国青年人群感性评价结果的多元回归分析，基本了解了建筑形态变量与建筑配色方案变量之间的相互关系，接下来作者将采用相同方法对韩国青年人群评价结果进行分析，评价词汇依然选取"整齐性""现代性""明亮性""温暖性""华丽性""传统性"六个词汇，保证研究的延续性与一致性，其分析结果如表 5-14 所示。

表 5-14　评价变量影响分析（韩国青年人群评价结果为主）

对应词汇	评价变量影响结果分析				

整齐性 (R^2=0.8987)

变量	评价样本	样本对变量影响	变量对评价结果影响	样本对变量影响分布图
				-1.0　　　0　　　1.0
建筑形态	南锣鼓巷	-0.150	30.63%	
	前门大街	-0.050		
	王府井大街	0.063		0.063
	西单大街	0.138		0.138
建筑配色方案	仁寺洞街	-0.312	69.37%	
	三清洞街	0.237		0.237
	清潭洞街	-0.287		
	新沙洞林荫道	0.338		0.338
	南锣鼓巷	0.012		0.012
	前门大街	0.188		0.188
	王府井大街	-0.188		
	西单大街	0.012		0.012

现代性 (R^2=0.8854)

变量	评价样本	样本对变量影响	变量对评价结果影响	样本对变量影响分布图
				-1.0　　　0　　　1.0
建筑形态	南锣鼓巷	-0.216	37.03%	
	前门大街	-0.166		
	王府井大街	0.097		0.097
	西单大街	0.284		0.284
建筑配色方案	仁寺洞街	0.084	62.97%	0.084
	三清洞街	-0.041		
	清潭洞街	-0.266		
	新沙洞林荫道	0.484		0.484
	南锣鼓巷	-0.016		
	前门大街	0.084		0.084
	王府井大街	-0.366		
	西单大街	-0.034		

续表

对应词汇	评价变量影响结果分析			

$R^2=0.9238$

变量	评价样本	样本对变量影响	变量对评价结果影响	样本对变量影响分布图 (−1.0 — 0 — 1.0)
建筑形态	南锣鼓巷	−0.112	12.17%	
	前门大街	−0.025		
	王府井大街	0.112		0.112
	西单大街	0.025		0.025
建筑配色方案	仁寺洞街	0.034	87.83%	0.034
	三清洞街	0.234		0.234
	清潭洞街	0.134		0.134
	新沙洞林荫道	0.134		0.134
	南锣鼓巷	0.084		0.084
	前门大街	−0.116		
	王府井大街	−0.366		
	西单大街	−0.241		

（明亮性）

$R^2=0.9179$

变量	评价样本	样本对变量影响	变量对评价结果影响	样本对变量影响分布图 (−1.0 — 0 — 1.0)
建筑形态	南锣鼓巷	−0.047	6.60%	
	前门大街	−0.009		
	王府井大街	−0.009		
	西单大街	0.066		0.066
建筑配色方案	仁寺洞街	0.053	93.40%	0.053
	三清洞街	0.303		0.303
	清潭洞街	−0.022		
	新沙洞林荫道	−0.722		
	南锣鼓巷	−0.097		
	前门大街	−0.372		
	王府井大街	0.112		0.112
	西单大街	−0.022		

（温暖性）

续表

对应词汇	评价变量影响结果分析				
	变量	评价样本	样本对变量影响	变量对评价结果影响	样本对变量影响分布图 (−1.0 ～ 0 ～ 1.0)
华丽性	建筑形态	南锣鼓巷	−0.288	37.66%	
		前门大街	0.112		0.112
		王府井大街	0.150		0.150
		西单大街	0.025		0.025
	建筑配色方案	仁寺洞街	0.300	62.34%	0.300
		三清洞街	−0.025		
		清潭洞街	0.003		0.003
		新沙洞林荫道	−0.300		
		南锣鼓巷	0.075		0.075
		前门大街	−0.125		
		王府井大街	0.400		0.400
		西单大街	−0.325		

$R^2=0.8630$（华丽性）

对应词汇	评价变量影响结果分析				
	变量	评价样本	样本对变量影响	变量对评价结果影响	样本对变量影响分布图 (−1.0 ～ 0 ～ 1.0)
传统性	建筑形态	南锣鼓巷	0.022	21.36%	0.022
		前门大街	0.059		0.059
		王府井大街	0.022		0.022
		西单大街	−0.103		
	建筑配色方案	仁寺洞街	0.034	78.64%	0.034
		三清洞街	0.184		0.184
		清潭洞街	0.134		0.134
		新沙洞林荫道	0.134		0.134
		南锣鼓巷	0.234		0.234
		前门大街	−0.116		
		王府井大街	−0.366		
		西单大街	−0.241		

$R^2=0.9316$（传统性）

从表 5-14 可以看出，较中国青年人群所得相关系数值而言，韩国青年人群所得数据值（R^2）为 0.898 7，明显下降，但依然大于 0.8，证明两变量与"整齐性"方向感性评价结果之间存在较强关联性。建筑形态与建筑配色方案两变量分别占比 30.63% 与 69.37%，说明建筑配色方案变量仍对评价结果有明显影响。通过对两变量细部内容的分析，建筑形态变量中西单大街这一评价样本对其所造成的正向影响最大，而在建筑配色方案变量中则是新沙洞林荫道。作者据此研判若需得到受韩国青年人群认可的"整齐性"街区视觉效果，只需采用"新沙洞林荫道建筑色彩搭配方案"加"西单大街建筑形态方案"相搭配的模式，即可实现相关设计诉求。

下面按照表 5-14 顺序对两变量在不同方向所造成的影响进行分析，建筑形态与建筑配色方案两变量在"现代性"方向相关系数值（R^2）为 0.885 4，证明两变量与"现代性"方向感性评价结果之间存在较强关联性。对两者细部信息进行分析发现，在建筑形态变量中西单大街对其影响力最大，而在建筑配色方案变量中新沙洞林荫道对其影响力最大，这一评价结果与中国青年人群评价结果一致。作者认为出现这一情况绝非偶然，其关键点就是新沙洞林荫道评价样本的配色方案完美诠释了目前被中韩两国青年人群所推崇的简约主义设计理念，且以该理念为原则的设计产品涵盖了日常生活中的各个领域，小到厨房用品大到交通工具。相关产品给人们日常生活带来便利的同时，也在潜移默化地对审美观念产生影响，反映到最终分析结果上即中韩两国青年均给予新沙洞林荫道高评价得分。作者据此研判若得到受韩国青年人群认可的"现代性"街区视觉效果，只需采用"新沙洞林荫道建筑色彩搭配方案"加"西单大街建筑形态方案"相搭配的模式，即可实现相关设计诉求。

建筑形态与建筑配色方案两变量在"明亮性"方向相关系数值（R^2）为 0.923 8，该数值重回 0.9 之上，证明两变量与"明亮性"方向感性评价结果之间存在较强关联性，且建筑配色方案变量对整体评价结果影响程度远超建筑形态变量。从两变量内部入手对其内部情况进行分析可知，目前王府井大街与三清洞街两评价样本分别是对两变量产生正向影响最大的评价样本。依据上文经验，作者据此研判若需得到受韩国青年人群认可的"明亮性"街区视觉效果，只需采用"三清洞街建筑色彩搭配方案"加"王府井大街建筑形态方案"相搭配的模式，即可实现相关设计诉求。

建筑形态与建筑配色方案两变量在"温暖性"方向相关系数值（R^2）为

0.917 9，该数值依然维持在 0.9 之上，证明两变量与"温暖性"方向感性评价结果之间存在较强关联性。但两变量之间相互关系也发生了明显变化，在此方向建筑配色方案变量对整体评价结果影响力占比达到了 93.40%，此压倒性结果在前期研究中前所未有。由此可知，建筑形态变量对其评价结果的影响作用可完全忽略。接下来对两变量进行细部分析时，将重点关注建筑配色方案变量内部评价样本影响情况。对建筑配色方案变量进行分析后，发现三清洞街这一评价样本再次从八个评价样本中脱颖而出，成为对该变量影响最大的评价样本。作者认为三清洞街在"明亮性"与"温暖性"两方向均有此表现绝非偶然，而是与其自身色彩构成存在必然联系。三清洞街色彩构成与王府井大街相似，也是以 YR 系列与 Y 系列色彩为主，且三清洞街色彩构成较王府井大街而言更加多样化，囊括了 YR 系列中的众多色彩，整体视觉效果较王府井大街而言色彩氛围更为温暖与舒适，由此韩国青年人群在"明亮性"与"温暖性"方向均给其较高评价合乎情理。作者据此研判若需得到受韩国青年人群认可的"温暖性"街区视觉效果，只需采用"三清洞街建筑色彩搭配方案"即可实现相关设计诉求。

建筑形态与建筑配色方案两变量在"华丽性"方向相关系数值（R^2）为0.863 0，该数值再次回落至 0.8 至 0.9 范围，但两变量对韩国青年人群评价结果影响力依旧。此方向建筑形态变量与建筑配色方案变量影响力占比分别为37.66%与 62.34%，建筑形态变量影响力明显上升。对两者内部构成情况分析可知，建筑形态变量中王府井大街对其造成的正向影响最高，建筑配色方案中亦是王府井大街对其造成的正向影响最高。出现这一结果的原因是王府井大街这一评价样本身份的特殊性，在前文中作者已对王府井大街情况进行了说明，在此处需特别说明的是韩国宫阙建筑在建筑形式、色彩搭配等方面完全承袭中国宫阙建筑，相关色彩与建筑形态的使用本身就凸显出一种"雍容华贵"的视觉效果。因此韩国青年人群对王府井大街的整体视觉感受如同中国青年人群一样，给予其较高评价得分，因此两国青年人群在此方向得到相同的分析结果处于情理之中。作者据此研判若需得到受韩国青年人群认可的"华丽性"街区视觉效果，只需采用与王府井大街建筑相类似的配色样式与形态样式，即可实现相关设计诉求。

最后依然是对"传统性"方向相关情况进行分析，建筑形态与建筑配色方案两变量在"传统性"方向相关系数值（R^2）为 0.931 6，再次回归到 0.9 之上，据此可知韩国青年人群评价相关系数值始终处于上下波动状态，并非如中国青年人群评价词汇相关系数始终保持在 0.9 之上。两变量对其最终评价影响力依旧，但建筑配色方案变量自身影响力占比显著提高，达 78.64%，可见两变量之间始终处于一种互相博弈的状态。对两变量内部影响程度进行分析后，发现韩国青年人群与中国青年人群在"传统性"方向所得结论一致，依然是南锣鼓巷与前门大街两评价样本对两变量所产生的正向影响最大。作者认为出现此分析结果是出于两国青年人群对于己方传统文化的共同记忆，韩国文化根植于中国文化，其影响之深已渗透至韩国社会的方方面面，上至韩国古代社会制度，下至韩国民众日常生活习惯均存在中国文化的影子，况且韩国传统民居建筑形式与配色方案本身就效仿中国北方建筑形式与配色方案，所以韩国青年人群对南锣鼓巷与前门大街不可避免地产生亲切感。据此作者研判若需得到受韩国青年人群认可的"传统性"街区视觉效果，只需采用"南锣鼓巷建筑色彩搭配方案"加"前门大街建筑形态方案"相搭配的模式，即可实现相关设计诉求。

完成对中韩两国青年人群全部评价结果分析后，对相关情况进行汇总完成表 5-15 绘制工作。从表中信息可知，中韩两国青年人群的分析结果存在相似性，均认为建筑配色方案较建筑形态而言对最终评价结果影响作用更深，在华丽性、传统性、现代性三个评价词汇方向中韩两国青年人群看法达成共识，如均认为西单大街方案与新沙洞林荫道方案最能体现"现代性"这一设计效果、王府井大街方案最能体现"华丽性"这一设计效果、前门大街方案与南锣鼓巷方案最能体现"传统性"这一设计效果，最终作者将相关方案进行整合并得出最终结论，受到中韩两国青年人群所认可的"现代型"配色方案为新沙洞林荫道方案，而"传统型"配色方案为南锣鼓巷方案，二者对应的形态方案分别为西单大街方案与前门大街方案。

表 5–15 评价变量影响分析结果最终汇总（中韩两国青年人群评价结果分析）

评价词汇	中国青年人群		韩国青年人群	
	建筑形态	建筑配色方案	建筑形态	建筑配色方案
整齐性	南锣鼓巷	新沙洞林荫道	西单大街	新沙洞林荫道
现代性	西单大街	新沙洞林荫道	西单大街	新沙洞林荫道
明亮性	王府井大街	王府井大街	王府井大街	
温暖性	王府井大街	王府井大街	—	三清洞街
华丽性	王府井大街	王府井大街	王府井大街	王府井大街
传统性	前门大街	南锣鼓巷	前门大街	南锣鼓巷

说明：本表只罗列对变量影响最大的评价样本。

正是由于中韩两国青年人群均认为建筑配色方案变量重要程度远超建筑形态变量，在此后街道视觉设计中，应重视对建筑配色方案的设计与选取，而非将大部分时间精力花费在建筑立面形态领域。未来中韩两国城市商业街区规划中应将注意力集中于建筑配色方案这一板块并对其质量与效果进行重点把控，以保证其整体风格与街道自身定位相符合，切勿只追求建筑形态层面的标新立异，以"新、奇、怪"作为设计规划原则，造成建筑造型与色彩搭配方案严重脱节，忽视建筑色彩搭配的重要性，进而破坏街道整体视觉氛围的营造，优秀的建筑配色方案既可以丰富建筑形态表达效果，也可对街道整体视觉效果表达起到锦上添花的作用，有利于更好地完成城市地标的打造，服务于城市发展的客观需要。

5.3 本章小结

本章主要围绕中韩两国商业街区建筑色彩效果评价展开，观察对象为中韩两国平均年龄处于 20～30 岁之间的青年人群，该团体是未来中韩两国主力消费人群，一切商业活动和商业产品都应尽量符合该群体的审美标准，从而吸引该群体进行消费，促进经济长期稳定向前发展。商业街区建筑色彩也应遵循上述原则，有效吸引更多青年人群来区域进行消费，助力整个街区经济发展进而为区域发展注入新的活力。正因为如此，作者选取该群体进行分析，研判其对现有街区建筑色彩设计方案的态度以及未来街区建筑色彩的想法，以便未来更好地进行色彩设计实践活动。

　　本章共分两个阶段来实现研究目标，第一阶段完成对现有商业街区建筑配色方案的收集提取工作，组成评价样本随即开展建筑配色方案效果评价。此阶段仅对建筑色彩搭配方案这一单一变量开展研究，探讨中韩两国青年人群对现有建筑色彩搭配方案的喜好程度。第二阶段是在第一阶段研究成果的基础上，以建筑色彩搭配方案作为蓝本加入建筑形态变量，组建新的评价样本随即开展建筑色彩纯化效果评价，评价目标人群依然为中韩两国青年人群，本章所使用的分析方法为因子分析与多元回归分析，最终目的是找出受中韩两国青年人群所认可的建筑色彩搭配方案及其对应建筑形态方案。本章所得结论如下所示。

1．建筑配色方案效果评价阶段

　　对中韩两国商业街区八组建筑色彩配色方案进行感性评价，得到四个主因子轴，四因子轴总体说服力为 65.41%，符合社会学研究对于结果说服力的要求，研究结果予以采纳。四个主因子轴及其代表词汇分别为Ⅰ轴"整齐性"与"成熟性"、Ⅱ轴"温暖性"与"欢快性"、Ⅲ轴"独特性"与"华丽性"、Ⅳ轴"传统性"，四个主因子轴对总体说明力的贡献度分别为 24.417%、18.726%、16.172%与 6.126%，其中Ⅰ轴贡献度最大，成为对整个评价试验中最大的影响因素。

　　除此之外，作者还对主因子轴分布图表进行分析，由此得出中韩两国青年人群对于建筑色彩搭配方案的偏好程度。从最终结果上看，Ⅰ轴方向中韩两国青年人群均给予新沙洞林荫道以最高评价，其原因得益于该街区建筑配色方案中大量使用 N 系列色彩，营造出一种"成熟稳重"的色彩氛围，恰与Ⅰ轴代表词汇吻合，从而让中韩两国青年人群均在此方向给出较高评价。Ⅱ轴方向中韩两国青年人群均给予王府井大街以最高评价，主要因为其色彩搭配方案中 YR 系列与 Y 系列色彩的大量出现，营造出一种"温暖性"与"欢快性"色彩氛围，这与本轴代表词汇不谋而合，对中韩两国青年人群评价得分造成巨大影响从而得到最终研究结果。Ⅲ轴方向凡街区建筑色彩中大量使用 YR 系列与 Y 系列色彩的评价样本，其在Ⅲ轴方向均获得高评价得分，特别是中国青年人群在Ⅲ轴方向评价中尤为偏爱 YR 系列与 Y 系列色彩，且中国青年人群给出的评价得分远超韩国青年人群给出的评价得分。Ⅳ轴分析结果也发现相似规律，凡街区建筑色彩中大量使用 N 系列色彩的评价样本，其在Ⅳ轴方向均获得高评价得分。特别是中国青年人群在Ⅳ轴方向评价中尤为偏爱 N 系列色彩，致使南锣鼓巷与前门大街两个评价样本在Ⅳ轴方向评价得分均名列前茅。

2. 建筑色彩纯化效果评价阶段

本阶段研究以中韩两国商业街区基本建筑形态为基础，导入上一阶段提到的八组评价样本完成建筑色彩纯化效果评价样本建构并对其实施感性评价。最终评价结果也得到四个主因子轴，四因子轴总体说服力为 74.124%，远超上一阶段相关研究说服力，符合社会学相关研究要求，对研究结论予以采纳。四个主因子轴及其代表词汇分别为Ⅰ轴"整齐性"与"现代性"、Ⅱ轴"明亮性"与"温暖性"、Ⅲ轴"华丽性"、Ⅳ轴"传统性"，四个主因子轴对总体说明力的贡献度分别为 31.059%、18.626%、18.291% 与 6.149%，由此可知Ⅰ轴依然是对整体说服力贡献度最大的主因子轴，是对整个评价试验影响最大的因素。

本阶段以因子分析所获得的研究数据作为基础开展多元回归分析，其目的是分析中韩两国青年人群评价结果、建筑配色方案以及建筑形态三者之间的内在联系，找到受两国青年人群共同偏爱的色彩搭配方案及其对应建筑形态，最终结论是中韩两国青年人群均认为建筑配色方案变量重要程度远超建筑形态变量，且中韩两国青年人群对于多个评价词汇在看法上达成共识，如均选取西单大街与新沙洞林荫道相组合的方式实现对"现代性"这一视觉效果的表现，均认为王府井大街方案是众多评价样本中最能彰显"华丽性"这一视觉效果的评价样本，皆认定前门大街方案与南锣鼓巷方案组合方式最能凸显"传统性"这一视觉效果。作者将在下一章中利用此结果进行商业街区色彩规划标准制定工作，还打算将这一结果辐射至其他设计相关领域，未来使中韩两国设计从业人员设计出更多符合两国青年审美需求的产品，更好地服务于两国青年人群的日常生活。

　　本章在整个研究中起到承上启下的作用，作者以前期研究成果为依据开展了本章相关研究，下一阶段作者将本章取得的阶段性成果，转化为现实版的色彩搭配方案，直接参与到中韩两国商业街区设计规划之中，为中韩两国商业街区设计实践活动贡献一份力量。

第 6 章　商业街区建筑配色原则与推荐配色方案

6.1　商业街区建筑配色方案选取

本章从色彩搭配角度出发，通过对色相、色调、色差等基本元素进行说明，提出中韩商业街区建筑色彩搭配基本原则，后期根据该原则制作完成色彩搭配方案，推荐给中韩两国设计从业人员供其参考。

在第 5 章中明确指出本书核心内容为选取受中韩两国青年人所偏爱的"传统型"与"现代型"建筑配色方案。作者对两种类型配色方案情有独钟的原因是目前中韩两国新建商业街区的建筑样式大致可分为两种，一种是主打传统民俗复古风格的传统民俗商业街区，另一种是主打现代潮流风格的高档时尚商业街区。基于现实情况考虑，本章将着重对"传统型"与"现代型"建筑配色方案进行重点说明。作者相信这两种配色方案能满足中韩两国商业街区规划设计的现实需要，为两国商业街区建筑色彩规划研究添砖加瓦。

6.2　商业街区建筑配色原则与推荐配色方案

本书对"传统型"与"现代型"建筑配色原则与配色方案进行系统性说明。说明内容主要围绕以下两方面展开，一方面为配色原则，主要围绕色相、色调、色差等色彩基本构成要素展开；另一方面为推荐配色方案，主要利用前期基本组成要素制作完成相关色彩搭配方案,并将其最终视觉表达效果予以展示,供中韩设计类从业人员参考使用。

首先,作者对"传统型"建筑配色原则及对应配色方案进行阐述,认为该配色原则应遵循以下规律:① 主要色方面以 N 系列色彩为主,色调以 dark-gray 色调为主;辅助色方面可使用其他系列色彩,但色调仍保持以 dark-gray 色调为主;② 色差方面坚持以"低色差"作为其核心设计理念,营造一种整齐、统一、协调的色彩氛围。作者以南锣鼓巷配色方案为雏形,结合以上配色原则,参考中韩两国其他传统历史街区建筑色彩搭配形式,对原南锣鼓巷方案中所囊括的色彩进行合理化扩充,最终得到符合要求的推荐配色方案如表 6-1 所示,推荐色调如图 6-1 所示,最终视觉效果如图 6-2 所示。

表 6-1 "传统型"商业街区建筑色彩推荐配色方案

推荐配色方案

1	2	3	4	5
6	7	8	9	10
11	12			

其次,对"现代型"建筑配色原则及对应配色方案进行阐述,作者认为该配色原则应遵循以下规律:① 主要色方面以 N 系列色彩为主,色调以 light-gray 色调为主;辅助色方面可使用其他系列色彩,但色调仍以 light-gray 色调为主;② 色差方面不同于"传统型"以"低色差"作为色彩搭配方案的基本原则,这里坚持以"高色差"作为色彩搭配基本原则,以此实现其"动态"视觉效果,

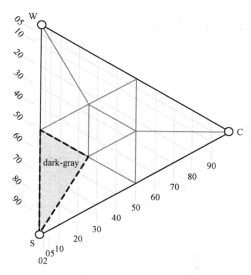

图 6-1　"传统型"商业街区建筑色彩推荐色调
（主要色与辅助色均以 dark-gray 色调为主）

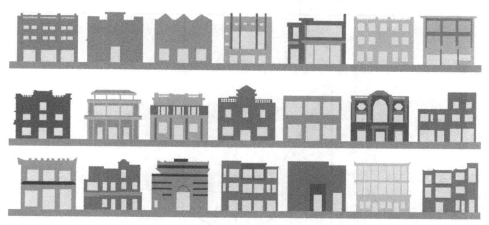

图 6-2　"传统型"商业街区建筑色彩视觉效果

整体营造一种跳动、活泼、时尚的色彩氛围。作者以新沙洞林荫道配色方案为雏形，结合以上配色原则，参考中韩两国其他新建现代时尚街区建筑色彩搭配形式，对原新沙洞林荫道方案中所囊括的色彩进行合理化扩充，得到符合要求的推荐配色方案如表 6-2 所示，推荐色调如图 6-3 所示，最终视觉效果如图 6-4 所示。

表6-2 "现代型"商业街区建筑色彩推荐配色方案

推荐建筑配色方案

1	2	3	4	5
6	7	8	9	10
11	12			

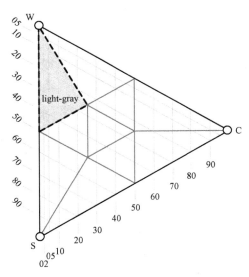

图6-3 "现代型"商业街区建筑色彩推荐色调
（主要色与辅助色均以 light-gray 色调为主）

图 6-4　"现代型"商业街区建筑色彩视觉效果

6.3　本 章 小 结

　　本章在前期研究基础上制定配色原则，完成配色方案制作，并对其最终视觉效果进行具象化展现，让广大设计从业人员进一步了解相关配色方案及其视觉效果，为日后更好地开展设计实践活动提供参考。

第7章 结 论

7.1 研究成果总结说明

　　本书主体内容分三个阶段来展现，三个阶段在内容上互为因果关系，前一阶段所取得的成果均转化为下一阶段开展研究的基础。第一阶段为中韩商业街区建筑色彩调研阶段，摸清了中韩两国代表性商业街区建筑色彩分布情况。第二阶段为建筑色差分析阶段，分析了中韩两国商业街区现阶段整体色差现状，挖掘了造成这一现状的背后原因。第三阶段利用前两阶段所取得的相关成果组建评价样本模型，对中韩两国青年人群开展感性评价，探讨两国青年人群对于建筑色彩的喜好程度，并最终找寻出受中韩两国青年人群偏爱的商业街区色彩搭配方案及对应建筑形态。

　　第一阶段所取得的研究成果如下。从色相层面上看，韩国传统与现代商业街区建筑主要色、辅助色、点缀色均以 YR 系列色彩所占比重最高，而中国商业街区除传统街区建筑主要色以 N 系列色彩所占比重最高外，其余商业街区建筑主要色、辅助色、点缀色皆以 YR 系列色彩所占比重最高，由此看出中韩两国商业街区色彩占比差异性明显，且中国自身传统与现代商业街区之间建筑色相分布情况也存在较大差异。从色调面上看，韩国传统与现代商业街区主要色、辅助色、点缀色均以 light-gray 色调作为主色调，而中国传统商业街区主要色、辅助色、点缀色均以 dark-gray 色调作为主色调，而现代性商业街区三色却以 light-gray 色调作为主色调，传统与现代差异性明显。

　　第二阶段所取得的研究成果如下。中国传统与现代商业街区虽建筑设计理念存在巨大差异，但两者在色彩设计领域均坚持以低色差作为其核心设计理念，街区建筑在其视觉表现层面，始终保持连续性与统一性，给人营造一种平和沉稳的视觉环境。而韩国传统与现代商业街区两者始终坚持以高色差作为其核心设计理念，时刻突出一个"变"字，以跳跃式的色彩表现手法保持整条街区的视觉冲击力，将"灵活、多变、跳动"视为效果表达的第一要务。

　　第三阶段取得的研究成果如下。其一，建筑配色方案效果评价阶段，Ⅰ轴方向中韩两国青年人群均给予新沙洞林荫道以最高评价，Ⅱ轴方向中韩两国青年人群均给予王府井大街以最高评价，Ⅲ轴方向样本中凡 YR 与 Y 系列色彩含量越高其评价得分也越高，Ⅳ轴方向样本中凡 N 系列色彩含量越高其评价得分也越高。其二，建筑色彩纯化效果评价阶段，中韩两国青年人群均认为建筑配色方案对于街区视觉表达效果而言尤为重要，且中韩两国青年人群均认可试验所得"传统型"与"现代型"色彩搭配模式及其对应建筑形态，后期可将该结论用于中韩两国商业街建筑色彩设计实践。

7.2　研究不足之处

　　本书重点围绕商业街区建筑色彩搭配方式开展相关研究工作，有意弱化商业街区其他视觉影响要素，如沿街店招色彩、道路铺装色彩等，这些内容将在未来相关研究中得到补充说明。在现实生活中，影响建筑色彩的因素众多，如日照强度、材料自身属性及老化程度、现场施工工艺、后期维护情况等均会对街区总体视觉效果产生影响，碍于篇幅，本书未对相关影响因素进行逐一分析。作者将持续关注相关影响因素，在日后研究中加入时间轴变量，探索在中韩两国漫长的历史发展过程中，商业街区建筑色彩的演变过程与规律，还原事物发展的本来面目。

7.3　研究创新点和未来研究方向

　　本书创新点主要体现在以下三个方面：其一，研究以中韩两国青年人群作为观察对象，对其色彩喜爱程度进行观察研究，这一形式在中韩两国前期参考文献中是前所未有的，属于本书独创；其二，为进一步了解中韩两国青年人群色彩喜爱程度，本书使用因子分析与重回归分析两种方法，对前期收集的两国青年人群色彩评价数据进行梳理，最后通过因子分析图相对位置，来确认中韩两国青年人群各自色彩喜好度，保证评价结果的客观性；其三，研究中使用纯化手段对评价样本进行处理，去除其他影响因素干扰，仅保留色彩搭配方案与建筑形态两大变量并进行评价研究，此举最大限度保证研究结果的准确性。

　　未来作者将持续关注中韩两国商业街区建筑色彩这一主题，针对本书存在的不足之处，有的放矢地开展相关研究工作。对现阶段中韩商业街区建筑配色方案中尚待处理的细节性问题加以解决，增加研究的广度与深度，使中韩两国商业街区建筑色彩设计事业持续稳步向前推进。

参 考 文 献

[1] HONG L Y. A study on evaluation for coloring and feeling of building exterior finishing materials in 2D·3D space [D]. Daejon: Chungnam National University, 2013.

[2] LEE J H. A study of color planning in the interior space of a high speed train station-focusing on analysis of natural color system (NCS) [D]. Seoul: Hong-ik University, 2015.

[3] RYU J S. A study on physiological and psychological assessment methods in line with indoor color change [D]. Daejon: Chungnam National University, 2016.

[4] CHEN L. The color image analysis on architecture of street scenery in commercial area of Korea and China [D]. Daejon: Chungnam National University, 2018.

[5] LEE J S, SEO J W. The range on color differences by L*a*b* of neighbor buildings for the color harmony in street[J]. Journal of Korea Society of Color Studies, 1998, 114 (4): 209−216.

[6] PARK S J, YOO C G, LEE C W. A study on influence of exterior color for buildings on formation of streetscape image-case study of Gumnam Road, Gwangju [J]. Journal of the Architectural Institute of Korea, 2005, 21 (4): 113−120.

[7] LEE J S, OH D S. A study on influence by the texture and color of the surface elements comprising the architectural space [J]. Journal of Korea Society of Color Studies, 2006, 20 (2): 57−64.

[8] PARK S J，YOO C G，LEE C W. A study on establishing color ranges of facade on urban central street-focusing on buildings of central aesthetic district in Gwangju［J］. Journal of the Architectural Institute of Korea，2007，23（1）：163－170.

[9] KIM H J，LEE J S. Analysis and evaluation of current color in symbolic streets of a city［J］. Journal of Korea Society of Color Studies，2010，24（1）：65－74.

[10] LEE H M，YOO C G. A study on the color image evaluation of buildings on urban street ［J］. Journal of the Korean institute of rural architecture，2011，13（4）：83－89.

[11] LEE J S，KIM J H. A study of vocabulary structure by image evaluation of streetscape ［J］. Journal of the Architectural Institute of Korea，2011，27（12）：27－35.

[12] HONG L Y，LEE J S. A study on the characteristics of the color evaluation of 2－D & 3－D simulated streetscape ［J］. Journal of Korea Society of Color Studies，2012，Vol.26 No.3，79－89.

[13] HONG L Y，LEE J S. Analysis of the influence of texture and color of building exterior materials on sensibility ［J］. Journal of Korea Society of Color Studies，2013，27（2）：51－60.

[14] GWAK C C，KIM D C. A study on the image characteristics of visual perception in Beijing street landscape of the traditional folk houses-with a comparison of consciousness between Korean and Chinese ［J］. Journal of Korea Design Knowledge，2014，30（1）：147－158.

[15] KIM J Y，SUH K S. A color characteristic analysis of architecture facades in Kyoto area-focused on the alley-spaces of Gion and Nakagyo-ku［J］. Journal of Korea Society of Color Studies，2014，28（4）：115－124.

[16] CHEN L，RYU J S，Lee J S. A study on comparative analysis of architectures color in traditional commercial street between Korea and China ［J］. Journal of Korea Society of Color Studies，2015，29（4）：125－134.

[17] PARK H K，OH J Y，JEONG M L. A characteristics of the general hospital color environment ［J］. Journal of Korea Society of Color Studies，2016，30（2）：19－27.

[18] LEE M J，PARK H K. Analysis of public library color environment according to space function-focused on Busan city ［J］. Journal of Korea Society of Color Studies，2016，30（2）：71－80.

[19] CHEN L，RYU J S，LEE J S. A study on comparative analysis of color application characteristics of building elevation and outdoor advertisements on traditional commercial streets in Korea and China ［J］. Journal of Korea Society of Color Studies，2016，30（1）：25－35.

[20] CHEN L，RYU J S，LEE J S. A study on analysis of colors applied to façade of modern commercial avenues in Korea and China ［J］. Journal of Korea Society of Color Studies，2016，30（2）：5－17.

[21] CHEN L，PARK J Y，LEE J S. A study on the characteristics of color image evaluation of building elevation on commercial streets between Korea and China［J］. Journal of Korea Society of Color Studies，2016，30（4）：65－67.

[22] JEONG M L，PARK H K. A study of nursing home's color environment according to space function ［J］. Journal of Korea Society of Color Studies，2017，31（2）：95－106.

[23] KIM J Y，SUH K S. An analysis of characteristic color of the Changsin 2－dong Alley，Jongro［J］. Journal of Korea Society of Color Studies，2017，31（1）：5－13.

[24] 宋建明. 色彩设计在法国 ［M］. 上海：上海人民美术出版社，1999.

[25] 张为诚，沐小虎. 建筑色彩设计 ［M］. 上海：同济大学出版社，2000.

[26] 吴良镛. 人居环境科学导论 ［M］. 北京：中国建筑工业出版社，2001.

[27] 张鸿雁. 城市形象与城市文化资本论［M］. 南京：东南大学出版社，2002.

[28] 张鸿雁. 城市·空间·人际：中外城市社会发展比较研究 ［M］. 南京：东南大学出版社，2003.

[29] 焦燕. 建筑外观色彩表现与设计 [M]. 北京：机械工业出版社，2003.

[30] 尹思瑾. 城市色彩景观规划设计 [M]. 南京：东南大学出版社，2004.

[31] 王庆海. 城市规划与管理 [M]. 北京：中国建筑工业出版社，2005.

[32] 过伟敏，史明. 城市景观形象的视觉设计 [M]. 南京：东南大学出版社，2005.

[33] 崔唯. 城市环境色彩规划与设计 [M]. 北京：中国建筑工业出版社，2006.

[34] 刘一达. 读城：大师眼中的北京 [M]. 北京：中国华侨出版社，2006.

[35] 田宝江. 总体城市设计理论与实践 [M]. 武汉：华中科技大学出版社，2006.

[36] 郭泳言. 城市色彩环境规划设计 [M]. 北京：中国建筑工业出版社，2007.

[37] 陈飞虎. 建筑色彩学 [M]. 北京：中国建筑工业出版社，2007：35 – 36.

[38] 周世生. 印刷色彩学 [M]. 河北. 印刷工业电出版社，2008：85.

[39] 吴伟. 城市风貌规划：城市色彩专项规划 [M]. 南京：东南大学出版社，2009.

[40] 王其钧. 中国传统建筑色彩 [M]. 北京：中国电力出版社，2009.

[41] 李月恩，王震亚，徐楠. 感性工程学 [M]. 北京：海洋出版社，2009.

[42] 郭红雨，蔡云楠. 城市色彩的规划策略与途径 [M]. 北京：中国建筑工业出版社，2010.

[43] 苟爱萍. 从色彩到空间：街道色彩规划 [M]. 南京：东南大学出版社，2010.

[44] 吴明隆. 问卷统计分析实务：SPSS 操作与应用 [M]. 重庆：重庆大学出版社，2010.

[45] 李华东. 朝鲜半岛古代建筑文化 [M]. 南京：东南大学出版社，2011.

[46] 吴松涛，常兵. 城市色彩规划原理 [M]. 北京：中国建筑工业出版社，2012.

[47] 黄斌斌. 城市色彩特色的实现：中国城市色彩规划方法体系研究 [M]. 杭州：中国美术学院出版社，2012.

[48] 王受之. 世界现代建筑史 [M]. 北京：中国建筑工业出版社，2012.

[49] 王京红. 城市色彩：表述城市精神 [M]. 北京：中国建筑工业出版社，2014.

[50] 蒋非非，王小甫，赵冬梅，等. 中韩关系史：古代卷 [M]. 2 版. 北京：社会科学文献出版社，2014：5－6.

[51] 宋立新. 城市色彩形象识别设计 [M]. 北京：中国建筑工业出版社，2014.

[52] 武松，潘发明. SPSS 统计分析大全 [M]. 北京：清华大学出版社，2014：212.

[53] 季翔，周宣东. 城市建筑色彩语言 [M]. 北京：中国建筑工业出版社，2015.

[54] 徐海松. 颜色信息工程 [M]. 杭州：浙江大学出版社，2015：204.

[55] 罗丽弦，洪玲. 感性工学设计 [M]. 北京：清华大学出版社，2015：25.

[56] 刘仁权. SPSS 统计分析教程 [M]. 北京：中国中医药出版社，2016：222.

[57] 张文彤. SPSS 统计分析基础教程 [M]. 北京：高等教育出版社，2017：252.

[58] 林奇. 城市意象 [M]. 方益萍，何晓军，译. 北京：华夏出版社，2001：35－36

[59] 林奇. 城市形态 [M]. 林庆怡，译. 北京：华夏出版社，2003：78－79.

[60] ROWE C, KOCTTER F. 拼贴城市 [M]. 童明，译. 北京：中国建筑工业出版社，2003.

[61] 芒福汀. 街道与广场 [M]. 张永刚，陆卫东，译. 北京：中国建筑工业出版社，2004.

[62] 弗兰姆普敦. 现代建筑 [M]. 张钦楠，译. 北京：生活·读书·新知三联书店，2004.

[63] 芒福德. 城市发展史 [M]. 宋俊岭，倪文彦，译. 北京：中国建筑工业出版社，2005.

[64] 赛维. 现代建筑语言 [M]. 王虹，席云平，译. 北京：中国建筑工业出版社，2005.

[65] 芦原义信. 街道的美学 [M]. 尹培桐，译. 天津：百花文艺出版社，2006.

[66] 文丘里，布朗，艾泽努尔. 向拉斯维加斯学习［M］. 徐怡芳，王健，译. 北京：知识产权出版社，2006.

[67] 雅各布斯. 美国大城市的死与生（纪念版）［M］. 金衡山，译. 南京：译林出版社，2006.

[68] 奎斯塔，萨里斯，西格诺莱塔. 城市设计方法与技术［M］. 杨至德，译. 北京：中国建筑工业出版社，2006.

[69] 文丘里. 建筑的复杂性与矛盾性［M］. 周卜颐，译. 北京：知识产权出版社，2006.

[70] 索斯沃斯，本约瑟夫. 街道与城镇的形成［M］. 李凌红，译. 北京：中国建筑工业出版社，2006.

[71] 罗西. 城市建筑学［M］. 黄士钧，译. 北京：中国建筑工业出版社，2006：90-91.

[72] 弗兰姆普敦. 建构文化研究［M］. 王骏阳，译. 北京：中国建筑工业出版社，2007.

[73] 罗，斯拉茨基. 透明性［M］. 金秋野，王又佳，译. 北京：中国建筑工业出版社，2008.

[74] 承孝相. 建筑，思维的符号［M］. 徐锋，译. 北京：清华大学出版社，2008.

[75] 吉田慎悟. 环境色彩规划［M］. 胡连荣，申畅，郭勇，译. 北京：中国建筑工业出版社，2011：75-80.

[76] 苟爱萍. 基于风貌类型的城市街道色彩规划研究［D］. 上海：同济大学，2009：72.

[77] 曹蓬. 生成、衍变与控制：城市色彩关系研究［D］. 上海：同济大学，2009.

[78] 丁叔. 藏族建筑色彩体系研究［D］. 西安：西安建筑科技大学，2009.

[79] 高晓黎. 传统建筑彩作中的榆林式［D］. 西安：西安美术学院，2010.

[80] 杨春蓉. 传统与现代的抉择：论城市中历史文化街区的保护与开发［D］. 成都：四川大学，2010.

[81] 吴琛. 天津城市建筑环境色彩的变异与继承 [D]. 天津：天津大学，2011.

[82] 魏亚萍. 历史街区的空间生产：以北京大栅栏地区改造为例 [D]. 北京：中国人民大学，2011.

[83] 王震亚. 基于感性工学的装载机人机系统设计研究 [D]. 济南：山东大学，2011.

[84] 张明宇. 城市核心区中国古建筑夜景视觉表现评价研究 [D]. 天津：天津大学，2011.

[85] 宋立新. 诗居城市色彩形象识别设计研究 [D]. 长沙：湖南大学，2012.

[86] 赵思佳. 巴黎城市环境图像的规划与管理研究 [D]. 上海：同济大学，2012.

[87] 傅业焘. 偏好驱动的 SUV 产品族外形基因设计 [D]. 杭州：浙江大学，2012.

[88] 李小娟. 基于认知意象的城市色彩规划与控制研究 [D]. 天津：天津大学，2013.

[89] 张华. 家具意象认知及其设计影响机制研究 [D]. 长沙：中南林业科技大学，2013.

[90] 王岳颐. 基于操作视角的城市空间色彩规划研究 [D]. 杭州：浙江大学，2013.

[91] 郭磊. 基于用户感性认知的产品造型设计方法研究 [D]. 西安：西安理工大学，2013.

[92] 刘毅娟. 苏州古典园林色彩体系的研究 [D]. 北京：北京林业大学，2014.

[93] 胡国生. 色彩的感性因素量化与交互设计方法 [D]. 杭州：浙江大学，2014：25.

[94] 胡沂佳. 集结与涌现：江南乡镇建筑色彩的场所精神 [D]. 杭州：中国美术学院，2016.

[95] 辛艺峰. 现代城市环境色彩设计方法的研究 [J]. 建筑学报，2004（5）：18-20.

[96] 陈玮，王涛，丛蕾. 创建"多样和谐"的城市色彩环境：武汉城市建筑色

彩控制和引导技术 [J]. 城市规划，2004（12）：94-96.

[97] 王洁，胡晓鸣，崔昆仑. 基于色彩框架的台州城市色彩规划 [J]. 城市规划，2006（9）：89-92.

[98] 韩炳越，崔杰，赵之枫. 盛世天街：北京前门大街环境规划设计 [J]. 中国园林，2006，22（4）：17-23.

[99] 郭红雨，蔡云楠. 以色彩渲染城市：关于广州城市色彩控制的思考[J]. 城市规划学刊，2007（1）：115-118.

[100] 王荃. 建筑色彩规划的新模式：从"迁安建筑色彩规划"谈未来建筑色彩发展建构 [J]. 建筑学报，2008（5）：55-57.

[101] 宋建明，翟音，黄斌斌. 浙江省城市色彩规划方法研究 [J]. 新美术，2009，30（3）：31-43.

[102] 刘长春，张宏，范占军. 地域传统与时代特征的碰撞：南通城市色彩浅析 [J]. 现代城市研究，2009（9）：42-45.

[103] 马金祥. 城市地下空间规划与色彩应用研究：以中韩两国地下铁为例 [J]. 装饰，2011（6）：115-117.

[104] 路旭，阴劼，丁宇，等. 城市色彩调查与定量分析：以深圳市深南大道为例 [J]. 城市规划，2010（12）：88-92.

[105] 季翔，单磊，巩艳玲. 徐州城市建筑色彩规划设计与管理研究 [J]. 现代城市研究，2010（1）：54-60.

[106] 朱冬冬，陈更，沈慧雯. 川西灾区重建中的街区色彩探索 [J]. 现代城市研究，2010，25（5）：52-57.

[107] 王占柱. 对城市色彩规划的思考[J]. 同济大学学报（社会科学版），2010，21（4）：31-37.

[108] 张伟. 河北省环京津旅游城市色彩形象规划研究 [J]. 河北学刊，2011，31（4）：217-220.

[109] 苟爱萍，王江波. 国外色彩规划与设计研究综述 [J]. 建筑学报，2011（7）：53-57.

[110] 郭红雨，蔡云楠. 传统城市色彩在现代建筑与环境中的运用 [J]. 建筑

学报，2011（7）：45-48.

[111] 王竹，杜佩君，贺勇. 空间视角下的城市色彩研究：京杭运河杭州段城市色彩规划实践 [J]. 建筑学报，2011（7）：49-52.

[112] 王占柱. 基于地域性的城市色彩认知与规划 [J]. 艺术百家，2012（z2）：173-176.

[113] 罗萍嘉，李子哲. 基于色彩动态调和的城市空间色彩规划问题研究 [J]. 东南大学学报（哲学社会科学版），2012，14（1）：69-72.

[114] 董雅，张靖，孙银. 城市建筑色彩规划管控方法初探：以天津市中心城区建筑色彩规划为例 [J]. 天津大学学报（社会科学版），2013，15（5）：428-431.

[115] 朱里莹，兰思仁，潘鹤立. 基于共享理念的大学城色彩规划探析：以福州大学城区域色彩规划为例 [J]. 现代城市研究，2015（9）：61-66.

[116] 李小娟，洪再生，张楠. 城市色彩意象：基于视觉思维理论的城市色彩规划路径探讨 [J]. 建筑学报，2015，1（2）：39-43.

[117] 路旭，柳超，黄月恒. 沈阳城市色彩演变特征与成因探析 [J]. 现代城市研究，2015（3）：98-103.

[118] 贺龙，张玉坤，王伟栋. 乌海市乌达区城市色彩规划及建筑色彩整治的实践探索 [J]. 现代城市研究，2016（5）：47-52.

[119] 黄斌斌. 城市色彩现象的视觉直观方法 [J]. 新美术，2016（4）：81-85.

[120] 吴海燕，戴瑞卿. 城市建设中户外广告色彩乱象及规划整治 [J]. 人民论坛，2016（2）：91-93.

[121] 张洪涛，郭锦涌. 体现地域性的城市色彩规划体系构建与实施对策：以菏泽市为例 [J]. 城市发展研究，2016，23（8）：17-21.

[122] 王京红. 中国传统色彩体系的色立体：以明清北京城市色彩为例 [J]. 美术研究，2017（6）：97-103.